オオカミと森の教科書

朝倉裕・著／ささきみえこ・絵

雷鳥社

本書について

オオカミほど偏見の目で見られている動物はいない。
オオカミはいつでも悪者だ。可愛い赤ずきんちゃんや子ヤギたちを頭から喰らう、悪魔の化身。邪悪で獰猛で残忍で卑怯でまぬけで……。オオカミはあらゆる悪評を背負わされ、生息地や獲物を奪われ、懸賞金つきで駆逐され、欧米各国でも、日本でも、姿を消した。

だが、僕は声を大にして言う。
オオカミはとても賢く愛情深い、美しい生き物だ、と。

かつて日本では、オオカミを大口真神と呼んで崇めていた。その記憶は、奥多摩の武蔵御岳神社や秩父の三峰神社などに、わずかに残る。オオカミは、山や森の守り神。草や樹木をシカなどが食い尽くさぬように調節し、生態系全体の中で替えがたい役割を担っていた。

１９７０年代以降、世界各国ではオオカミ保護に転換した。オオカミを再導入したアメリカはもちろん、フランスやドイツ、スイス、イタリアでも生息数が増加し、スウェーデン，ノルウェーでは隣国から移住し広がりはじめている。

日本がオオカミを失ってから１００年。

神のいない山や森は崩壊への道を進むばかりだ。

いまだオオカミの生存を信じ、探し続けるひともいると聞く。

もしオオカミが生きているのなら、互いに呼び交わす遠吠えも聞こえてくるだろう。食事の痕跡や糞もあるはずだ。だが、ない。

もうオオカミは絶滅している。いないものはいないのだ。

では、再びオオカミを日本に呼び戻すことは不可能なのか。

再生した豊かな山や森の中で、はるかかなたからのオオカミの遠吠えを聞く喜びを、たくさんのひとと共有したい。その思いから、僕は本書を書いた。

朝倉　裕

もくじ

第2章　オオカミって、本当はこんな生き物です

第3章　世界のオオカミ　絶滅から復活へ

第4章　オオカミのいない森

第5章　オオカミは生態系の守り神

第6章　オオカミよ、日本の森に還れ！

絶滅のかの狼を連れ歩く

三橋敏雄『眞神』より

序章
オオカミとは

アメリカ大陸

⑨ホッキョクオオカミ

⑩アラスカオオカミ

⑪グレートプレーンズオオカミ

⑫シンリンオオカミ

⑬メキシコオオカミ

世界のオオカミ分布図

ユーラシア大陸

①ツンドラオオカミ
②ロシアオオカミ
③カスピオオカミ
④ヨーロッパオオカミ
⑤イタリアオオカミ
⑥エジプトオオカミ
⑦アラビアオオカミ
⑧インドオオカミ

アメリカ大陸

名 前	生息地・特徴
ホッキョクオオカミ CANIS LUPUS ARCTOS	カナダ極北地域、グリーンランド北部／大型
アラスカオオカミ CANIS LUPUS OCCIDENTALIS	アラスカ、カナダ北西部、北米モンタナ州北部／大型
シンリンオオカミ CANIS LUPUS LYCAON	カナダ・オンタリオ州南東部、ケベック州南部、アラスカ／中型
グレートプレーンズオオカミ CANIS LUPUS NUBILUS	ネブラスカオオカミとも。アラスカ州、五大湖周辺／小型
メキシコオオカミ CANIS LUPUS BAILEYI	合衆国南部とメキシコ北部／小型／生息数減少

その他

名 前	生息地・特徴
アメリカアカオオカミ CANIS RUFUS	アメリカ合衆国。野生種は絶滅。コヨーテと交配した雑種との説も
イエイヌ CANIS LUPUS FAMILIARIS	ヒトのいるところ世界中に分布。体型などさまざま
ウルフドック（狼犬）	オオカミとイヌを交配させたイヌの品種

亜種について

ユーラシア大陸

名前	生息地・特徴
ツンドラオオカミ CANIS LUPUS ALBUS	ユーラシア大陸北部のツンドラ地帯／大型
ロシアオオカミ CANIS LUPUS COMMUNIS	中央ロシアのウラル山脈中心／大型
カスピオオカミ CANIS LUPUS CUBANENSIS	コーカサス山脈を中心にトルコとイランの一部
ヨーロッパオオカミ※ CANIS LUPUS LUPUS	ヨーロッパ、ロシア、中央アジア、中国、モンゴル／中型
イタリアオオカミ CANIS LUPUS ITALICUS	イタリアからアルプス南部／中型
エジプトオオカミ CANIS LUPUS LUPASTER	エジプトとリビアの砂漠地帯／小型
アラビアオオカミ CANIS LUPUS ARABS	アラビア半島中心／小型／生息数減少
インドオオカミ CANIS LUPUS PALLIPES	インド、イラン、トルコ、イスラエルなど／中型／生息数減少

※研究者によっては、ヨーロッパオオカミをタイリクオオカミと呼ぶこともある。

オオカミ（狼　羅：LUPUS　英：WOLF）
食肉目イヌ科イヌ属の哺乳動物。
一般的にはハイイロオオカミ（GRAY WOLF）1種を指し、イヌ科最大の生き物。アジア・ヨーロッパ・北アメリカに広く分布。家族単位で暮らし、群れをつくってシカなどの大きな獲物を狩る。
吻（マズル）が長く、耳は直立、尾は垂れる。毛色は灰・黄・褐色などさまざまだが、ぶち模様はない。

神なるオオカミ

日本列島には、かつてニホンオオカミとエゾオオカミの2種が存在し、野山を駆けめぐっていた。ニホンオオカミが絶滅したとされているのは1905年。奈良県吉野の鷲家口で捕獲されたのが、生息が確認された最後の1頭となった。エゾオオカミは、それよりも少し早く1900年ごろにはいなくなった。

絶滅の原因は、飼い犬からのジステンパーの伝染、害獣対象としての駆除、開発による生息地とエサ動物の減少、といった説があるが、なんにせよ人間に起因することは間違いない。

ヨーロッパでは、北部と中央部で1850年から1950年くらいの間に、オオカミの姿が消えた。1960年代以降は、ポルトガル、スペイン、イタリア、ギリシャ、フィンランドで、それぞれ辺境や山岳地帯に細々と生き残るのみとなった。アメリカでは1910年代にほぼ全土で姿が見えなくなり、26年にイエローストーン国立公園で最後の1頭が殺された。

こうして日本も欧米も、20世紀はじめにオオカミ根絶をほぼ完成させた。その後、欧米各国は生態系を守るうえでのオオカミの重要性に気づき、

1970年代に姿勢を180度転換し、オオカミ復活と保護の政策を選択した。だが日本ではその兆しは見えず、いまだオオカミを失ったままだ。

日本は森の国。緑にあふれている。飛行機に乗って空から眺めれば、どこまでいっても緑が続く。東京から西に向かえば、緑が見えないのは大都市の人口密集地と富士山くらいかもしれない。北へ向かえば、大都市も緑に囲まれている。

20年位前に中国から日本に来たという友人に、日本の第一印象を尋ねると、彼女は即座に「緑!」と叫んだ。「はじめて来たときの飛行機から見た日本は、どこまでいっても緑だったの」と説明してくれた。彼女は北京の北方、内モンゴルに近い地域の出身だったから、中国の国内線の飛行機から眺める景色はどこまでいっても土色だ。だから余計に日本の緑の印象が強かったらしい。それを聞いた僕も嬉しくなった。

「そうなんだよ!」

そのころちょうど内モンゴルでオオカミの糞探しをしてきたばかりで、飛行機から土色の大地をたっぷりと見てきたところだったから、彼女と同じ気分を僕も味わっていたのだ。

日本では、人間が森を切り開いてしまっても、コンクリートで固めたり建物をつくったりしないで放っておけば、緑は復活する。荒地を好むパイオニア植物が生えてきて土を安定させ、その安定した土を好む植物が進出し、果実食の小動物や鳥が運んできた種子から樹木が芽を出し、それが育って日陰をつくると、太陽を好まない種類の植物がその下には増えはじめる。樹齢を重ねれば根元に種子が芽を出し、世代交代に備えて育っていく。そうして緑は戻ってくる。

いままではそうだった。降水量の多さや適度な気温のおかげで、それはどまでに日本列島は、植物の繁殖力が旺盛なのだ。でも、それができない森が増えはじめている。すべてはシカが増えすぎているせいだ。森が更新しようとするとき、シカが必ずそれをきれいに食べてしまう。植林しても同じことだ。次の世代の育成を、シカは許してくれない。

オオカミのいない森は、死んでしまう。それを証明する壮大な実験が、それと知らずにいまの日本で行なわれている。

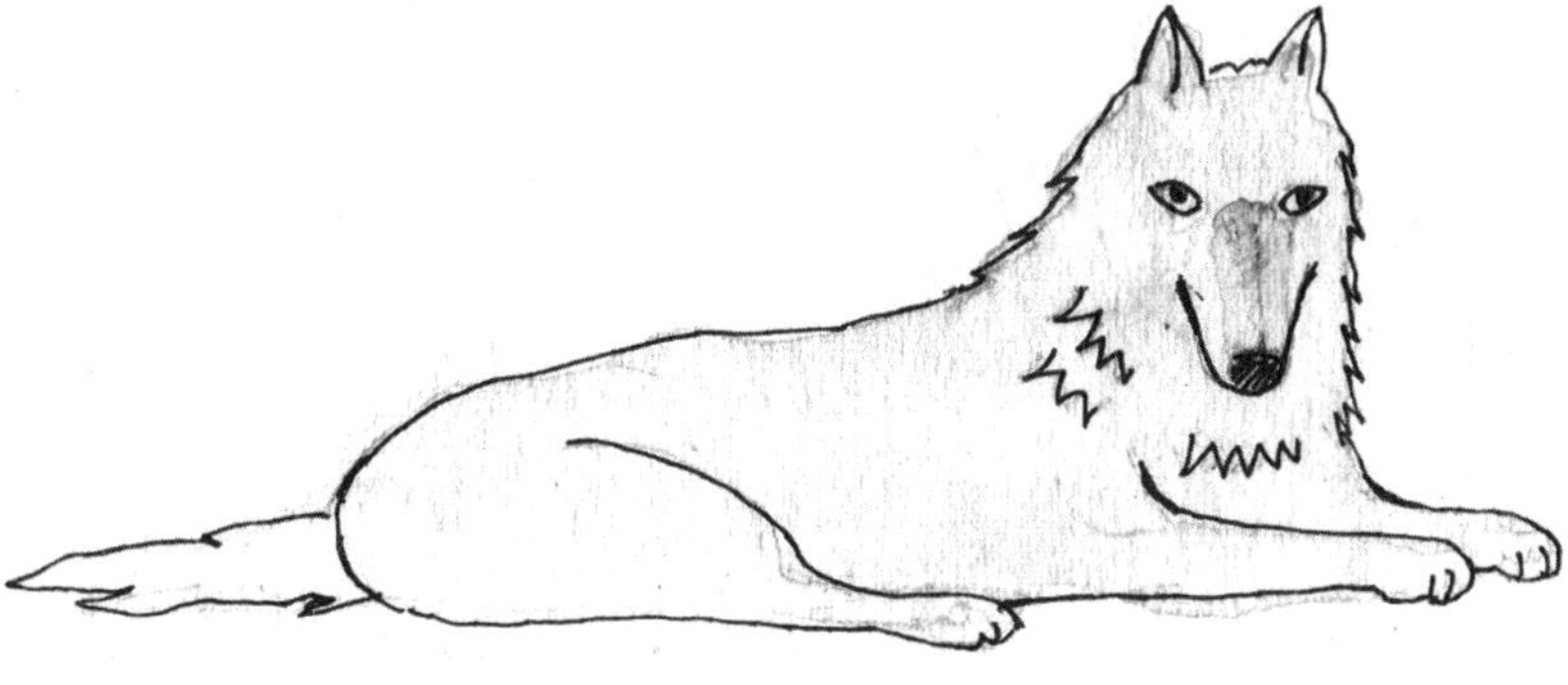

2007年に翻訳出版された中国人作家姜戎《ジャンロン》の『神なるオオカミ』〔1〕に、こんな場面がある。

主人公は内モンゴルに下放（知識人たちを農村に送り出す政策）された青年。モンゴル人のじいさんからモンゴル草原の知恵とオオカミとのつき合い方を教わるが、「黄羊〔2〕はかわいそうだ、罪のない生き物を殺すオオカミが憎い」と反論する。

それを聞いたじいさんは、こう言う。

「モンゴル草原では、草と草原が命の本ともいえる、大きな命なんだ。それ以外は小さな命にすぎない。（中略）おまえは黄羊をかわいそうに思っているようだが、草がかわいそうだとは思わないのか。黄羊が四本の速い足で走れば、それをおいかけるオオカミも疲れ果てて血をはくほどだ。ガゼルはのどが渇けば川で水を飲めるし、寒くなったら、暖かい山坂でひなたぼっこもできる。ところが、草はな、大きな命だといったって、短い命でかわいそうなもんだよ。そう深くないところに根をはって、地面の上をほんのちょっとはってるだけだ。……草原でいちばんかわいそうなのは草

〔1〕
唐亜明・関野喜久子訳／講談社

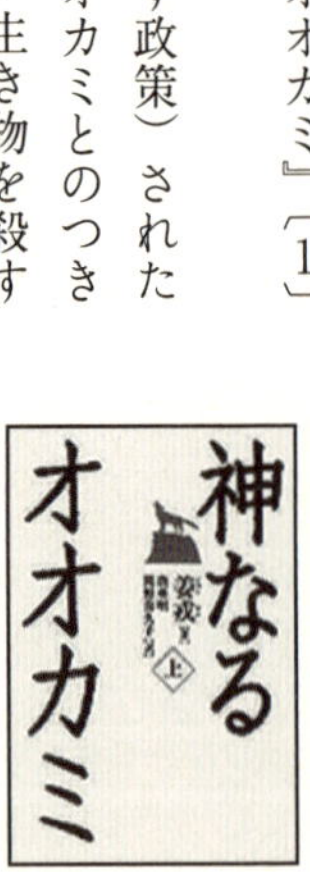

〔2〕
モンゴルガゼル

だ。だからモンゴル人は、草を草原を大切にするんだ。命を奪うというが、黄羊が好き勝手に牧草を食い尽くすのは殺生と同じじゃないか。草原という大きな命を殺してる。この大きな命を殺したら、草原の小さな命もすべて残らないぞ。黄羊の害はオオカミよりも恐ろしい。」

不覚にも涙がこぼれた。その自然観はモンゴルからアメリカのネイティブまで共通する。本来日本もその系譜に連なるものだったのだが。しかし現在、日本の森にも山にもオオカミは、どこにもいない。増えすぎたシカが草を、森を、山を食い尽くしていくばかりだ。

「何といふ今日は恐ろしい大きな歯なの」
「お前を喰ひ殺さうと思つて」
と、いふより早く狼は愍然に、
いきなり赤帽さんに飛びついて、
パクリ〃と食べてしまひました。

『グリム御伽噺』「赤帽の娘」より

第1章
オオカミはどうして悪者なの？

「でかい悪いオオカミ」って？

「でかい悪いオオカミ（big bad wolf）」とは、ヨーロッパでオオカミを形容するときによく使われる表現だ。赤ずきんちゃんの物語に登場するオオカミそのものだ。日本でもオオカミの印象はよくない場合が多い。

ある日のこと。東京都・多摩動物公園のオオカミ舎の前では、家族連れのお父さんが、小さな息子に向かって話をしていた。

「オオカミだぞ〜、怖いぞ〜、食べられちゃうぞ〜」

別のお父さんは、

「オオカミと道で出会ったら、背中を向けて逃げちゃいけない。オオカミは前脚を肩にかけてくるんだ。で、お前たちが後ろを振り向いたところを、顔をガブッ！」

お父さんたちは、おとなしいオオカミの姿を目の前にして、自分の記憶の中からどこかで刷りこまれたイメージを引っ張り出しきて、子どもたちを怖がらせている。まるで怪談のように。

この会話は、実際に僕が聞いたものだが、野生動物保護専攻の大学院生の調査でも似たような会話が報告されている。（東京農工大修士論文「日本におけるオオカミおよび自然生態系の復元についての人々の意識」南部成美　２００２）。つまり、日本全国の動物園でこのような親子の会話が繰り返され、オオカミへの偏見は伝承されてゆくというわけだ。

また。オオカミとシカ害の話を語ったりすれば、たとえばこう言う声が聞こえてくる。

「いくらシカ害がひどいからといって、オオカミ害よりましでしょ！」

う～ん、オオカミ害かあ。経験があるのかな。

シカによる農業被害は年間８０億を超えるし、シカとの交通事故はおそらく1万件を超える。数字に表せない被害もある。高山植物の食害、森の食害。中山間地の農家はシカ害のために撤退を余儀なくされ、お年寄りが庭の手入れや、自家用野菜の栽培を諦めるところも出ているらしい。

オオカミの害は、シカ害よりひどいのかな。

あるいは、こんな反応もある。

「オオカミは放すと危なそうだから、イヌでいいじゃん」

オオカミは生態系でよいことやってるんだけどな。

汗水垂らして、一生懸命森のために働いてるんだけどな。

イヌはそんなに働いてくれないよ。そもそも野生じゃないし。


２０年以上も前のことだが、アメリカの自然保護団体ディフェンダーズ・オブ・ワイルドライフが、大々的なキャンペーンを張った。オランダＫＬＭ航空の機内誌に載ったその意見広告は、こんな見出しだった。

一方は人間の敵と見なされ、もう一方は年間３００万人襲っていても人間のよい友人？


犬は毎日人間を襲っています。

なのに信頼できる人間の友。

一方、オオカミはいつでも人間の敵と見なされてきました。北アメリカの歴史を振り返ってみても、健康な野生のオオカミが人間を襲ったという記録は見当たらないのです。

なのに、多くの人は死ぬほどオオカミを怖れています。そして恐れと憎しみが合衆国全域にわたるオオカミ根絶をもたらしたのです。

私たちの野生にオオカミがいないと、生態系の活力が欠けてしまいます。でも、オオカミが戻ってくれれば、自然のバランスは回復するでしょう。

2011年、スウェーデンでこんな記事が報道された。

【EU発！-Breaking News】
オオカミに襲われかけた親子、危機一髪で逃れるも、飼い犬が犠牲に。

ストックホルム北部の町で17日早朝、女性が自分の子供と飼い犬と散歩中、オオカミに襲われる事件が発生した。

女性が娘と、タイソンという名前の飼い犬と一緒に散歩をしていたところ、2頭のオオカミが突然女性らの前に立ちふさがった。

かわいそうなことに、タイソンはその内の1頭に喉元を噛まれ、森の中に連れ去られてしまった。そうしている間に女性は、もう1頭のオオカミの注意がベビーカーに向いたことに気がついた。そのため彼女は大声で叫び、人が住む居住地の方角に走って逃げたのだが、これが効を奏したのか、オオカミはそれ以上女性を追うことなく、仲間の跡を追って森の中へ姿を消した。

スウェーデンのオオカミが棲息する地区で

は、近年ペットや家畜が襲われる事件が多発しており、人間に危害を加える可能性も生じているため、狩りによる頭数削減が強化されている。だが現在スウェーデンに棲息しているオオカミの数は約200頭と少なく、そのため動物保護団体はオオカミの狩猟禁止と頭数拡大を主張している。

「犬好き」には悲しいことだが、オオカミにとってイヌは捕食の対象だ。この記事によると、母と子も襲われかけたとあるが、それは本当だろうか？

背を向けて走って逃げるのは、オオカミに「襲ってくれ」と誘うようなものだ。なのになぜ、オオカミは追うこともなく、森に戻ったのか？　ほかに人がいたわけでもなさそうだ。つまり、オオカミにとって人間の母子は最初から捕食の対象ではなかった。まったく襲うつもりがなかったからではないだろうか？

オオカミはとっても、臆病者！

オオカミは猛獣ですか？……ハイ、イイエ、どっちだろう。

「猛獣」とは、「大型で獰猛な、基本的には捕食性の哺乳類」のことで、ライオン、トラなどと同類として、オオカミもその仲間にされている。オオカミというと、相手構わず襲いかかる獰猛な動物というイメージもある。

でも本当に、トラやライオンと同じなのだろうか。

人間は、というより西洋人は、長いことオオカミを憎んで、とんでもないモンスターのような動物を想像して迫害してきたけれども、本当のオオカミはちがうのじゃないだろうか。

欧米でも、オオカミの実際の姿を知る人は、こう言っている。

「オオカミは一般的には人間に対して臆病（シャイ）で、できる限り人間との接触を避けて行動する」。

『シートン動物記』の作者として有名なアーネスト・トンプソン・シートン〔1〕は、「典型的なオオカミは、あらゆる野生動物の中でもっとも用心深く、もっとも細心で、もっとも賢く、もっとも姿を見せることが少ない」と記している。

〔1〕Ernest Thompson Seton 1860-1946　英国出身の博物学者・作家。米国で活動。

日本でも、明治時代のオオカミ駆除の公文書に、オオカミは臆病で人間を怖れると書かれている。

アメリカでもヨーロッパでも日本でも、表現は違っても「臆病」という評価は共通なのだ。

多摩動物公園のオオカミを担当する飼育員に、「飼育に当たって、特にオオカミだからということで気をつけていることはあるか」と質問してみた。すると、「臆病で神経質な動物なので、怖がらせないように気を使います」と答えが返ってきた。

北海道にいる僕の友人、桑原康生さん〔2〕は、動物園を除けば日本で唯一、オオカミを飼って一緒に暮らしているひとだ。訪れるひとに、オオカミを実際に見学してもらい、まず自身がオオカミと触れ合う姿を見せ、オオカミがどんな動物なのか、生態系でいかなる役割を担っているのかをレクチャーしている。

飼育エリアにはオオカミが入るオリと、オオカミが自由に遊べる5000坪の放飼場がある。北海道では、オオカミの飼育について条例が

〔2〕309P、311P参照

ある。それは、夜間は必ず鉄製のオリに入れること、放飼場エリアに出すときには飼い主が必ずついていること、だ。

年間にして相当な人数が訪れるから、見知らぬ人間がオリの前を通ることに馴れていてもおかしくないのだが、オオカミはそうはならない。桑原さんから「オオカミを怖がらせないように、静かに通ってください」と注意が出るくらいだ。

オリに人間が近づくと、ともかく少しでも物陰に隠れようとするオオカミもいる。オリの柱はそれほど太くないから身体を隠しようもないのだが、振り返って覗くたびに顔を半分ヒョイと隠すのだ。オリの前を通りながら、振り向くとヒョイ、振り向くとヒョイ、である。

このような習性は、日本での飼育下だから「かわいい」と思われるのかもしれない。アメリカでは昔、野生のオオカミの同じポーズが違った反応を呼んだ。マッチョな彼らは「こそこそと隠れて家を覗いている卑怯者」、あるいは「人の目を見ることもできない卑怯者」と感じた。

これがオオカミ迫害の隠れた要因でもあったらしい。

さて、オオカミを再導入したアメリカのイエローストーン国立公園では、観光客がたくさんの種類の動物を、すぐ近くで見ることができる。

現地のパークレンジャーは、観光客がこの動物たちに近づきすぎないように注意している。ときにはバッファローを怒らせて追いかけ回されたり、エルクが怒って角で人間をひっかけたりという事故も起きているからだ。怖いのはグリズリーだけではない。看板の注意書きにはこうある。

動物に近づきすぎないように
適度な距離は、グリズリー九〇ヤード、エルク九〇ヤード、バッファロー二十五ヤード

「オオカミはどのくらい離れればいいですか」

とパークレンジャーに聞くと、彼はにっこり笑って答えた。

「オオカミには近づけないから、大丈夫」

パークレンジャーの言うとおり、オオカミに近づくことはできない。イエローストーン国立公園を訪れる観光客の多くが、オオカミを見ることを目的にしているが、みな知っている。

オオカミと会いたいのなら、直径20センチくらいの大きな望遠鏡を用意すべし。彼らは、遠くはるかかなたにいる。

イエローストーンでは見通しもよく、まだ観察することができるが、ほかの地域では、発信機をつけた個体を追跡する研究者でさえ、その姿を目撃することは稀だ。

ある日本人研究員はポーランドで1年間オオカミを追跡した。その間に当のオオカミを目撃したことは、2回「しか」なかったという。

だが、指導教官は「2回も見られるとは、お前はラッキーだ」と肩を叩いた。

「お前の前任者のドイツ人は、1年いても1回も見られなかったんだからな」。

オオカミ迫害の歴史

「赤ずきんちゃん」「三匹の子ブタ」「七匹の子ヤギ」をはじめ、ヨーロッパの童話・説話ではどうしてオオカミは悪者なのか。

歴史を振り返ってみると。非キリスト教の古代文化圏では、オオカミの地位は高かった。たとえばローマ建国神話の雌オオカミは慈悲深い母であったし、エジプト神話でも北欧神話でも神として崇められてもいた。黄昏から夜明けにかけて狩りをする、誇り高い英雄戦士でもあった。

しかし（だからこそ、かもしれない）中世以降の西欧キリスト教は、オオカミ

を「悪魔の化身」として憎むようになった。オオカミは、「野蛮と邪悪」な異端者の象徴。神の子ヒツジを食べる神の敵だ、と。

　オオカミは薄暗い森に住んで旅人を襲う。家畜を略奪し、戦争犠牲者の死体を喰らう。たとえ野犬の仕業だったとしても、不都合なことはすべてオオカミのせいにされた。

　オオカミはとことん嫌われ、恐れられたのだ。

　満月の夜に変身するオオカミ男の伝説も絡み、魔女狩りと同じように、裁判（！）にかけられ処刑された。オオカミは人間（文明・光）を獣の世界（未開・闇）に引きずり落とす存在だったのだ。

　オオカミこそ、「神の国」のための、哀れな「スケープゴート《生贄のヤギ》」だったのかもしれない。


　オオカミ殺戮が正当化される一方で、オオカミ狩りはヨーロッパの上流階級の間で、とても楽しいスポーツとされる。

　ロシアでは、馬ゾリを使う冬のオオカミ狩りが特に人気で、貴族たちは優雅でほっそりとした猟犬ボルゾイを従えて草原を走った。追いつめられたオオカミは銃で撃たれ、槍で刺され、こん棒で殺された。

イギリスでは16世紀に、スコットランドとアイルランドでも18世紀半ばにオオカミは絶滅した。19世紀初頭にオオカミ再導入が提案されたこともあったが、それは「オオカミ狩り」復活のためだった。

ヨーロッパ中央部でも、19世紀半ばから20世紀にかけてオオカミの姿が消えた。ドイツでは1900年ごろには、ほとんど見られなくなり、フランスでも同時期に根絶した。スペインとイタリアでも激減し、それぞれ辺境や山岳地帯に追いやられた。


アメリカ大陸でのオオカミ大虐殺は、先住民の運命と重なる。

アメリカのオオカミは、もともとはロッキー山脈より東の森林地帯に広大な分布域を誇っていた。

しかし17世紀以降、ヨーロッパからの入植者は、短期間のうちにあらゆる場所に進出し、先住民たちが兄弟と呼び尊敬していたオオカミを執拗に殺し、虐待した。それは「病的」ともいえるほどの熱意だった。

西部には広大な牧場が開かれ、東部に勃興した工業地帯の食料基地として農業・畜産が産業化した。牧場を守るためにオオカミを駆逐することが、国や西部住民の目標になったのだ。

最初は牧場主たちの共同出資によって、次に国からの資金によって、オオカミの捕獲奨励金が支払われた。1頭20シリングだったという。オオカミ捕殺の主な手段は、銃ではない。毒薬と罠、それにおとり作戦だ。

巣穴を見つけて子オオカミを捕獲し、取り戻そうとする母オオカミを撃ち殺す。それはE・T・シートンが『オオカミ王ロボ』で書いたとおりだ。オオカミを殺す硝酸ストリキニーネが大量生産され、普及した。カウボーイたちは、誰もが銃のほかにストリキニーネの入った袋を腰に下げていたという。「ならず者」のオオカミを殺したハンターは尊敬され、子どもたちの憧れの的になった。


シートンは1860年生まれで、1940年代に死去している。

オオカミがアメリカ全土から根絶されようとしていた、まさにその時代を目撃していた。

『シートン動物誌2　オオカミの騎士道』（今泉吉晴訳／紀伊国屋書店　1997）から以下、引用しよう。

ジョン・オーデュボンは1843年、ミズーリ川をさかのぼる「大西部旅行」に出た。白いオオカミを見て、こう書いている。「とても多かった。……川をさかのぼる何日間かの間に、12頭から25頭のオオカミを目撃した」

マニトバ州南部には、かつてたくさんのバッファローが生息していた。そこではオオカミの数もきわめて多かった。レッド川やアシニボイン川の流域にバッファローの大群が暮らしていたころ、マニトバ州には数100頭、ひょっとすると数1000頭のオオカミが生息していたのではないだろうか。

（中略）

いまでは、オオカミはすっかり少なくなった。バートレットの報告によると、「カナダとアメリカをあわせ1901〜05年の5年間で、オオカミ49万8000頭分のオオカミの毛皮が取引されている」。市場に出回った50万枚が実際に捉えられた数の半分だと仮定すると、5年間の捕獲数

は壮齢と若者のオオカミをあわせて100万頭、つまり毎年20万頭が殺された計算になる。

オオカミの殺戮は、西部開拓と同様「明確な運命（マニフェスト・デスティニー）」と意識されていた。

南北戦争が終結した1865年から1885年ごろまでをピークに、大量のオオカミ殺しは続く。20世紀に入ると、飛行機や雪上車に乗ってオオカミを追い、散弾銃で吹き飛ばして楽しんだのだ。アメリカにおける捕食者のコントロールプログラムは、オオカミを対象としていた。憎しみはその域を逸脱し、必要がなくなっても殺戮を続けた。1910年代にはほぼ全土でオオカミの姿は見えなくなり、1926年にロッキー山脈北部イエローストーン国立公園での最後の1頭が殺された。

バリー・ホルスタン・ロペス〔3〕は著者『オオカミと人間』でこう記す。

1945年には、もはや群をなすオオカミなどは過去の話になっていた。少数のメキシコ・オオカミは北方のアリゾナ州南部とニューメキシコ州へ、ブリティッシュ・コロンビアのオオカミは南方のワシントン州北部とアイ

〔3〕Barry Holstum Lopez 1945～ 米国出身のジャーナリスト。『オオカミと人間』中村妙子・岩原明子訳／草思社 1984

ダホ州へと移動して行った。ロッキー山脈北部からモンタナ州のグレーシャー国立公園は、さらにはもっと南のビタールート山脈まで移るオオカミもいた。しかし、ミネソタ州北部の保護区、スペリオル湖のロイヤル島に住む少数を除けば、48州のハイイロオオカミは絶滅していたのである。これほどの大殺戮は、いまだかつて行なわれたためしがなかった。

日本人とオオカミ

かつて日本には、エゾオオカミとニホンオオカミの2種が生息していた。いまでは剥製や標本でしか見ることができない。その生態もよくわかっていないまま、絶滅してしまった。

先住民のアイヌ民族は彼らをホロケウカムイ（狩りする神）、オオセカムイ（吠える神）と呼んで崇拝し、共存していた。また、本州では山の神の眷属として祀り、その繁殖期には出産を祝い、頭骨や牙を魔除けともした。後ろをついて来る習性から「送りオオカミ」とも呼び畏怖した。

さて、ニホンオオカミには「オオカミ」「山犬」「豺《さい》」など複数の呼び名がある。それぞれ別種のオオカミだったのか、ノイヌだったのか、それともオオカミとイヌとの交雑犬だったのか。実物のニホンオオカミが存在しない以上、いまとなっては不明である。

シーボルト〔4〕は「オオカメ（オオカミ）」と「ヤマイヌ」を両方飼育していたが、別のものと考えていたようだ。そのうちの1体はオランダの国立自然史博物館に保存されている。

〔4〕
Philipp Franz Balthasar von Siebold
1796-1866　ドイツ出身の医師。江戸時代、オランダ商館医として来日。

日本人にとってオオカミは、山や森の神であり、シカやイノシシを駆除してくれる益獣であったが、少しずつ友好関係が悪化しはじめるのは、江戸時代に入ってからだ。

牛馬を襲ったり、狂犬病にかかったものが人里に出たりもして、藩からオオカミ退治を奨励されることもあった。そのためなのかどうか、江戸時代後期には九州南部でオオカミの姿は見られなくなっていた。

そして明治時代が到来し、オオカミは絶滅への道を突き進む。

最初に姿を消したのは、エゾオオカミだ。

「富国強兵」「殖産産業」のための軍馬繁殖や羊毛生産。明治政府は国家事業として北海道に入植者を送り込み、アメリカから農事指導者として25歳の畜産家、エドウィン・ダンを招く。

北海道では、乱獲と大寒波のためにエゾシカが減り、飢えたオオカミが粗放な馬牧場や畜舎を襲う事件が相次いでいた。もはや、オオカミは「神」どころか嫌悪すべき「国家の敵」だ。アメリカで放牧牛を襲うオオカミが「文明の敵」になったように。ダンは母国と同じやり方での、大規模なオオカミ駆除を指導する。

牧場周辺には毒薬ストリキニーネを仕込んだ肉をばら撒き、明治10年には1頭3円の捕獲懸賞金（翌年には7円、明治15年には10円）を出す。捕獲の証拠は、切り取った耳。オオカミは激減した。

明治28年、函館の毛皮商がオオカミの毛皮を出荷。それから4年後、エゾオオカミは誰にも惜しまれることなく、消息を絶った。

ニホンオオカミもまた、エゾオオカミの後を追うようにして姿を消す。明治38年1月23日、奈良県東吉野村鷲家口。イギリスから派遣された25歳の東亜動物学探検隊員、アメリカ人のマルコム・アンダーソンは、若いオオカミの死体を、8円50銭で猟師から買い取った。一説によるとシカを追って山を下りてきたところを、村人に撲殺されたという。まさかそれが、ニホンオオカミを捕獲する最後の日になろうとは、その場にいた誰もが想像すらしていない。

彼は殺されて標本となって海を渡り、いまではロンドン自然史博物館に保管されている。最期の地には銅像も立っている。

大口真神

明治末期から昭和にかけて、オオカミの姿を見た、遠吠えを聞いたというひとがいたことは、いくつも記録が残っている。おそらく、しばらくは山の奥深くわずかに生き残っていたのだろう。彼らが完全にいなくなってしまったのは一体いつなのか。

生存を信じ、山の奥深くにわけ入り、探し続けるひともいる。「狼犬」同士の戻し交配によって「ニホンオオカミ」をつくり出そうとするひともいた。山に住むひとたちはかつて、雌イヌを山につなぎニホンオオカミの血を引く強いイヌを孕ませたとも聞く。甲斐犬や紀州犬、秋田犬などには、その血が色濃く残っているのかもしれない。そういう意味でニホンオオカミの遺伝子は滅びてはいない、形を変えて生き続けていると思えば夢もある。

エゾオオカミとニホンオオカミの絶滅には人間による駆逐のほか、乱獲によるエサの減少、生息地の破壊、伝染病の流行など複数の要因が重なったといわれる。だが、いつのまにか、ひっそりと「消えた」のではなく、国家的事業として日本人が絶滅させたのだ。そんな事実はいま、きれいに忘れられている。

アメリカもヨーロッパも、そして日本も、同時代的に足並み揃えてオオカミ根絶をほぼ完成させた。ただし、日本人に欧米人ほどのオオカミ殺戮への熱意、オオカミ憎悪のような感情はあったのかは疑問だ。

しかし、欧米各国は、オオカミの存在の重要性に気づき、1970年代に保護と復活を選択した。課題は多く、決して楽ではない長い道のりだが、オオカミとの共生の道を歩んでいる。

自分たちの手で滅ぼしたものは、自分たちの手で復活させようとしている。

日本の山や森は、夢や幻ではなく、生きた本物のオオカミが戻ってくるのを待ち続けているのではないだろうか？

さて。ヨーロッパで生まれた「赤ずきんちゃん」は海を渡り、はるばる日本にまでやってきた。

赤い頭巾をかぶった小さな女の子をだまして、ひと口で食べちゃうでかい悪いオオカミのイメージは強烈だ。

グリム童話の「オオカミと七匹の子ヤギ」が『八ツ山羊』というタイト

ルの絵本として翻訳出版されたのは1887年（明治19年）。「赤ずきん」がはじめて翻訳されたのは明治35年。エゾオオカミが絶滅して2年後のことだ。なので、日本のオオカミが滅んだことに関して、赤ずきんちゃんには罪はない。

だが、オオカミ亡きあと、7匹の子ヤギやイソップの嘘つき少年と並んで、「オオカミ怖い」文化を形成する中心になったことは確かだ。

親から子へ、子から孫へと「大きな悪いオオカミ」のイメージは引き継がれ、子どもたちは「オオカミにだまされてはいけないよ」と教えられる。

現在も、警察署が幼児向けの犯罪防止キャンペーンで「赤ずきんとオオカミ」を基にした芝居をつくるほど、その影響力は根深いものがある。

ところで、日本人のオオカミに対する感情の中に、「怖い」だけではないものが混じってくることがある。グリム童話の絵本140年の歴史の影響力は絶大だが、これに匹敵するオオカミ像が出てくるものと言えば、まず、『シートン動物記』が思い当たる。

シートン動物記は、アメリカでの初出版は1898年だが、日本にはじめて紹介されたのが1935年だった。漫画やアニメにもなり、アメリカでも映画化されて、日本にもやってきた。いまだに小中学生向けの物語として図書館に多数の訳本が並んでいる。そのトップを常に飾っているのが『狼王ロボ』〔5〕だ。

強くて賢いロボは、牧場の牛を襲ったという容疑でアメリカの牧場主に忌み嫌われ、ハンターに追いかけられ、妻ブランカを殺された。そして愛するブランカの遺体をおとりにされ、罠にかかって自分も殺されてしまう。この物語を真剣に読んだ子どもたちは、「オオカミはかわいそう、人間はひどい!」と読書感想文を書くのだ。

現代では、アニメ映画の影響力がテレビでの放映とDVDによる流通で、広がりをもつことになった。

1960年代放映されたテレビアニメ『狼少年ケン』は、オオカミに育てられた少年の話であり、1997年の大ヒット長編アニメ『もののけ姫』(監督・宮崎駿)には、銀の毛並みのオオカミ「モロの君」が登場する。グリム童話のオオカミとは違い、森を守る巨大な山犬神だ。その荒ぶる姿は、凛々しく美しい。

〔5〕
E・T・シートン著/藤原英司訳/集英社文庫/2008

また、2012年の長編アニメ『おおかみこどもの雨と雪』(監督・細田守)も大ヒット。ニホンオオカミの血を受け継ぐオオカミ人間(「おおかみおとこ」)と、彼に恋したヒロインの物語だ。「おおかみおとこ」はやがて死に、ヒロインはふたりの「おおかみこども」をひとりで育ててゆく。その姿が多くのひとの感動と共感を呼んだ。

その中で、「おおかみこども」が「オオカミはなぜどの物語も悪役なの?」とヒロインに泣きつくシーンもある。

「それはね。人間がオオカミたちの生きる場所と食べ物を奪ったからだ。だから、飢えたオオカミは、人間の所有物であるヒツジや牛や馬を襲って食べた。だから、オオカミは人間の敵になった。でもそれは、人間のエゴであってお前たちはちっとも悪くない」と頭を撫でてあげたいものだ。

ふたつのアニメ映画の人気の深層には、オオカミ=野生の自然への、日本人の罪悪感と郷愁と憧れがあるのかもしれない。

また、絵本『あらしのよるに』〔6〕のガブはヤギのメイと友情を結ぶ心優しいオオカミだし、ライトノベル『狼と香辛料』〔7〕に登場するホロはオオカミの化身だ。少しずつ、「オオカミ=悪」というイメージは壊

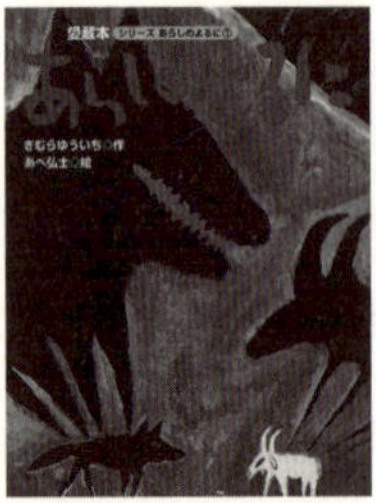

〔6〕きむらゆういち著/あべ弘士絵/講談社/1994

〔7〕支倉凍砂著/電撃文庫/メディアワークス/2006〜

されつつあるのだろうか。

僕にとって意外なところでは、北八ヶ岳の山小屋で働く女性が、オオカミの漫画があるよと教えてくれた『銀牙—流れ星銀』〔8〕。1983年から『少年ジャンプ』(集英社)誌上で連載開始。テレビアニメ、ミュージカルにもなり、海外でも支持されているらしい。実際は「オオカミが主人公の作品」ではなく、勇敢なイヌが主人公だったのだが。「イヌはオオカミと同じ、あるいは代役になる」と考える根っこは、この漫画にあるように思えた。

いまの日本人には、幼年期のグリム童話のイメージに加えて、少年少女期に積み重なった小説、それにアニメ漫画のい

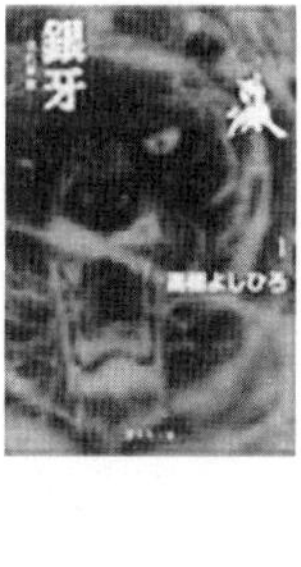

〔8〕高橋よしひろ著/集英社漫画文庫/1997

くつもの地層が心の中にある。『狼王ロボ』や『もののけ姫』は世の中に無数にある物語のひとつの例でしかないが、オオカミや野生動物、そして生態系へのイメージを心の中に形づくるには大いに貢献している。

「オオカミ復活、賛成ですか、反対ですか」

この問いに向かい合うとき、そのひとは「どんな物語を読んできたのか」をも、問われるのかもしれない。

おしえて
オオカミさん！

オオカミをめぐるQ&A Part 1

編集部編

Q1
オオカミも「ワンワン」って鳴くのでしょうか？

A

オオカミは「ワンワン」と連続して鳴かず、「ウオッ」「ウオッ」と短く鳴きます。クーンとか、ガルルとかいった音も、出します。走りながら遠吠えすることはありません。

イヌは人間とのおつき合いの歴史の中で、どうも相手は自分たちよりも耳が悪いし鈍いから、「ワンワン」と、一生懸命大きく繰り返し吠えるようになったのです。

本音は「おーい、聞こえないのか？　これでも、まだわからないのか！ノロマ！　まぬけ！　ワンワン！」といったところでしょうか。

Q2
満月になると、オオカミは吠えるのですか？

A

オオカミは、月の満ち欠けがどうであろうと、たとえ新月であってもお構いなく、彼らの必要に応じて遠吠えをします。けれど冬、満月の澄み渡る冷たい夜には、オオカミの遠吠えもよく響き、それが人間にとって、強く印象づけられた……ということはありそうです。そしていつしかオオカミ＝満月というようになっていったのかもしれません。

また、満月の夜に現れるオオカミ人間の伝説もあり、そこからもオオカミと月とが関係づけられたとも考えられます。

月の光は人間を狂わせるという俗説もありますが、オオカミの神秘的な遠吠えも人間を深淵に誘い込み、何か落ち着かない気もちにさせるのでしょう。

Q3
オオカミ男の倒し方を教えてください！

A

倒すのではなく、仲よくしましょう。

会ったことはないですが、オオカミ男はよい奴です。

弱点といわれる「銀の銃弾」でいじめるのもおすすめしません。


お調子に乗って、がばっと抱きついたりするのをたしなめる場合には、後ろ足を踏む。立ちあがって飛びつく癖があるイヌに使うワザです。

オオカミはイヌの兄弟ですから、同じ弱点をもっていることでしょう。

後ろ足を「ギュッ」と踏むと、イヌはとても嫌がります。「きゃん！」と飛びついていた前足をあわてて下ろしてしまいます。

実際に、オオカミ男の足を見たことはないのですが、つま先立っているような、イヌ科のあの後ろ足をしているのではないでしょうか。

その後で仲直りして、一緒に満月を見上げましょう。

Q4
オオカミってイケメンですよね？
大好きです。

A

確かにオオカミは眼光鋭く、すっとマズルが長く、横を向いたところなどは、実に色気と哀愁があります。それでいて第一級のハンターとして、引き締まった野性味あふれる身体つきです。もふもふもふと、萌え系でもある。そのギャップ。はい、間違うところなく、イケメンです。惚れてしまいます。


しかも愛情深くて浮気なんてしません。死がふたりを分かつまで、奥さんと添い遂げます。そのうえ、子育ても積極的に手伝う「イクメン」。理想のパートナーになれるかも。

でも、まずは出会いのチャンスがありません。

本書巻末の「オオカミに会える施設」に行き、おおいに片思いを募らせるのも、ありかと思います。

Q5
ツンドラオオカミとブチハイエナ、どっちが強い？

A

一方は、極北のツンドラ、一方は赤道直下のアフリカ、互いに遠く離れたところに住んでいて、育った環境も文化もまったく違い、出会うことすらありません。ただし、なんにでもIF（もしも）は、つきものです。

さて。群れをつくって狩りをする生き物として、オオカミとハイエナは、体力・持久力・アゴの力、すべてが抜群に優れています。

ただし、ハイエナは一撃必殺、短距離で獲物を仕留めます。しかも、大きな群れとなって。アゴの力も非常に強く、獲物を瞬く間に、頭骨から足の先までガツガツと食い尽くしてしまいます。なにしろ、ライオンやらリカオンやら、強大なライバルたちを向こうに回し、百戦錬磨の日々です。

オオカミはハイエナと出会ったら、すたこらとその場を離れるのではないでしょうか。無駄な戦いはしない主義ですので。

ちなみに。オオカミは食肉目イヌ科オオカミ属。ハイエナは食肉目ハイエナ科。ハイエナは長い鼻と長い足をしていて、見た目はイヌに似ていますが、イヌではありません。近い親戚には、ジャコウネコがいます。

Q6 漫画やアニメのように、オオカミの背中に乗って走ることができますか?

A

ジブリのアニメ映画では、ヒロインのサンが大きな山犬＝オオカミにまたがって疾走していますね。気分爽快！


オオカミの中では、アラスカオオカミ、ツンドラオオカミは大型ですし、映画のように白い個体も多いです。背中にまたがるだけなら、できないことはないかもしれません。気分はもう、もののけ姫！

でも、そのような行為はマナー違反です。オオカミは礼儀を重んじる生き物ですので、それなりの厳しい対応が待っています。

仮に特別鷹揚で、気がよいオオカミであり、「乗せてやるよ！」ということになっても、駆け出すやいなや、すぐに振り落とされてしまうでしょう。肉食獣は背骨をばねのように使って全身を波打たせて走りますので、安定してしがみつくことは不可能なのです。

神話・伝説の中のオオカミ I

すべてのオオカミの父フェンリル

世界中の神話の中で、最強のオオカミと思われるのが、北欧神話の「フェンリル」です。「フェンリス狼」(Fenrisúlfr)ともいいます。

邪神ロキ(アニメや映画でも大人気!)と女巨人アングルボザの息子で、巨大なオオカミの姿をしています。姉は冥府の女王ヘル、兄は世界蛇ヨルムンガンドなので、普通のオオカミではありません。口を開くと上アゴと下アゴが天地まで届き、目と鼻から火を噴く怪物です。

フェンリルはとても賢く力が強く、災いをもたらすものとして神々にも恐れられ、ついには地中深くに封印されてしまいます。その際、軍神チュールの右腕を食いちぎります。捕縛の際に使われたのが「グレイプニル」という魔法の紐。材料は「ネコの足音」「女のアゴ髭」「岩の根」「クマの神経」「魚の吐息」「鳥の唾液」の6つです。

けれど、神々の最終戦争であるラグナロク（世界の終わりの日）にて解き放たれ、父であるロキとともに神々に復讐します。そしてなんと、偉大なる最高神オーディン（戦争と死の神）を噛み殺してしまうのです。そのあとで、オーディンの息子ヴィーダルにアゴを引き裂かれて死んでしまうのですが。

さて、魔狼フェンリルには2匹のオオカミ息子がいますが、こちらもただものではありません。天空に棲み、月と太陽を喰らうオオカミです。ハティは月を追いかけ、スコルは太陽を追いかけ、やはりラグナロクには太陽を飲み込んでしまうとか。つまり、月食と日食ですね。

ちなみに主神オーディンには、フレキとゲリというオオカミの兄弟がつき従っています。

北欧に生きる人々にとって、神秘的な遠吠えを交わしながら森を駆けめぐるオオカミは、とても身近であるとともに、畏怖すべき存在であったようです。

第2章 オオカミって、本当はこんな生き物です

オオカミの群れは家族中心

僕が子どものころに読んでいた物語の中では、オオカミの群れは恐ろしいものだった。ジャック・ロンドンの小説『白い牙』〔1〕では、犬ゾリで雪原を横断する旅人が、どこからともなく集まってきたオオカミたちに襲撃され、犬を1頭、また1頭と失っていく。そして旅人だけが焚き火を前にして、オオカミを撃退しながら夜明けを待つシーンに震えあがった。

〔1〕256p参照

オオカミの群れを、英語で pack（パック）という。

パックの基本的な構成は、繁殖ペア、つまり両親と、その年に生まれた子オオカミ、そして2~4年目の子オオカミだ。子オオカミの死亡率は高く、平均して1年で半数が死亡する。だから1パックは7~8頭ということが多くなる。

ところが、ペアと関係のない若いオオカミがパックに加わっていることがある。大型のエサ動物が狩りの対象になっている地域、たとえばイエローストーン国立公園では、最大で37頭のパックが形成されたことがある。（後に小さな単位に分裂した）

稼ぎのよい家族には、「よく知らないけど親戚のおじさんらしいよ」って言われる居候がいたりするものらしい。

各地で観察されているパックの基本構成は同じだが、養わなければならない子どもとエサのサイズや量により、頭数に幅が出てくる。主要なエサが小型のシカ類である地域では、小さなパックになるようだ。

アメリカ中西部、ミネソタ州やウィスコンシン州では平均パック頭数は4~8頭、冬期は最大で16頭という記録がある。この地域では主なエサ動物は、ニホンジカと同じくらいの大きさのオジロジカだから、仮に日本にオオカミがいても、このくらいのパック頭数になるかもしれない。

ロッキー山脈では平均的なパック頭数は10頭だが、カナダとアラスカの一部の地域では、一時的に30頭以上になったこともあるらしい。アメリカ大陸の北部では、ヘラジカは4~800キロにもなるし、エルクも200キロ以上の大型のシカだ。そのため、1度の狩りで1頭あたりの分け前が多いのだろう。

過去に、北海道の知床半島にオオカミを再導入した場合の頭数の試算をした例がある。それは、パックの頭数を15頭としていた。だが、エサ動物の身体サイズや生息密度を考えれば、ちょっと大きすぎるようだ。

もし、「50頭にもなるオオカミの群れ」と表現している物語があったとしたら、それは間違いだ。飢えて、方々から集まってきたオオカミが群れをつくる、ということもない。家族以外の同族は敵、というのが基本だからだ。

子育ては家族団結！

オオカミのペアは、生涯添い遂げるものらしい。「貞女二夫にまみえず」ということはないが、少なくとも相手が死ぬまでは浮気はしない。

イエローストーンでの観察では、生き残ったオオカミは別の相手を見つけたが、ほかの例ではシングルマザーを通したこともあった。

オオカミは年に1回、1月～2月の厳冬期に繁殖する。妊娠期間は61～64日。通常、土を掘り下げてよく塗り固められた巣穴で子どもを産む。ときには木の洞や洞穴、枝がオーバーハングした樹の下など、利用できるものはなんでも利用する。巣穴づくりは父親も、兄や姉オオカミも手伝う。

春に生まれた子オオカミは、生後2～3週間のうちに目が開き、よちよち歩き回れるようになり、6週間後には乳離れをする。その間、巣穴から動けない母オオカミのためには、父はもちろん家族で食事を用意する。

離乳食は、大人たちの「吐き戻し」。大人たちが狩りから巣穴に戻ってくると、待ち構えた子オオカミは彼らの鼻面をくんくんと舐めておねだりする。そして未消化の食べ物を吐き戻してもらい、少しずつ固形物に慣れていく。

夏も半ばから後半にかけて、子どもが6週から8週になったころ、彼らは巣穴から少し離れた広いところに移る。これはランデブーサイトと呼ばれている子育てエリアだ。夏の間のパックの活動の場所で、水の近くにあることが多い。子どもはそこで遊び、餌をもらい、父親や兄姉に狩りを教わったりする。

8月が終わるころには、子どもはランデブーサイトから4~5キロほどまでを歩き回るようになり、サイトを使うことは減る。そして9~10月、ほとんど大人と変わらない大きさに成長した彼らは、サイトを放棄する。早いものは、パックから独立して放浪（ディスパース）するが、その成熟のタイミングはオオカミによってそれぞれ異なる。

人間の社会で「一匹オオカミ」といえば、実力があり、独立心の強い、他人とは相容れない、単独行動のアウトロー。さて、実態は？

オオカミは生まれ育ったパックで、独り立ちするまで過ごし、通常3年目には自分の家族をつくるためにパックを後にする。配偶者が見つかるまで単独行動している若いオオカミが「一匹オオカミ」の正体だ。そのまま彼女と出会えぬままとしたら、なんとなくイメージが合うようになるかもしれない。家族が欲しくて仕方がないのに、まだお相手募集中という境遇に甘んじているのが「一匹オオカミ」だ。

とあるテレビ番組で、野生の一匹オオカミの遠吠えを、「バウリンガル」〔2〕という玩具で解析し、人間の言葉に変換するという企画があった。遠吠えは、「僕は何をしたらいい?」だった。まさにそのとおり。

〔2〕2002年、㈱タカラトミー、㈱インデックス・ホールディングス、日本音響研究所が共同開発した愛犬とのコミュニケーションツール。

若いオオカミにとって、パックを出て行くのも残るのも、どちらの戦略もリスキーだ。出て行かなければ、いつ排除されるかわからない。オオカミは、自分のナワバリを見つけ家族をつくるまでの間、長距離をあちらこちらと移動する。その際、うっかり別のオオカミのナワバリに足を踏み入れてしまったら、死を覚悟しなければならない。実際、若いオオカミの死因は、ほかのパックとのけんかによるものが多い。

発信機を取りつけることで、オオカミの移動距離を調査できるようになり、独り立ちするオオカミが、短期間に大きな距離を移動することがわかってきた。ある1頭のオオカミは、アメリカ・ミネソタ州から10ヶ月で、カナダ・サスカチュワン州まで約900キロを旅した。

2001年には、ミシガン州のアッパー半島の西部にいたオオカミが、やはり900キロほど離れた、北中部ミズーリ州で農民にコヨーテと間違われて殺されたこともある。

ドイツのNABU（ドイツ自然保護連合）が追跡した例では、ドイツ南部から北へ向かい、ポーランド国境を越えて、北海沿岸まで移動したオオカミがいた。実に1500キロだ。日本で言えば、関東山地にいるパックの子どもが、成長して紀伊半島の大台ケ原に現れるような話である。

かつて、日本のオオカミも日本列島を縦横に移動し、広がったに違いない。そしてその地で配偶者を見つけ、家族を増やしていったのだ。

愛情表現は身体全身で

オオカミは、家族の結びつきが強く、平和で愛情こまやかな動物だ。仲間が傷つけば心配し、ケガで狩りに行けないものがあれば、巣穴で待つ彼のために獲物の肉をもって帰ることもあるという。

オオカミ同士の「会話」は、鳴き声、ボディランゲージ、匂いなどを使って行なわれる。

オオカミはイヌのように連続して吠えることはないが、甲高くキュンキュンと甘えたり、クンクンと心配したり、ウフフッと警戒したり、さまざまな鳴き声を発する。

また、オオカミといえば遠吠え =howl（ハウル）だ。そのとき、オオカミはたいてい、顔を反らして天を仰ぎ、耳を後ろに倒している。写真や映像でよく見られる姿だ。

彼らは、好きなときにでたらめに吠えているのではない。「どこにいるの？」「俺はここにいるぞ！」「こっちに来るな！」など、仲間を探したり、呼び集めたり、テリトリーを主張したり、用途によって使い分けている。群れによっても個体によっても声が違う。

オオカミは、尻尾や耳など身体全体をフルに使って感情を表現する。あらゆる場面で互いの顔や耳、首、肩を舐め、甘噛みをする。こうした愛撫で気もちを落ち着かせ、愛情を確認し合う。

また、自分の優位を誇示し、「攻撃するぞ」と警告するときはピンと尾を上げ、「許して！　怖い！」と怯えるときは尾を後ろ足の間に挟み込む。親愛の感情を伝えようとフンフンと互いの鼻をこすり合わせる。ひっくり返ってお腹を見せるのが「反抗しません」、頭を下げて前脚を突き出すのが「遊ぼう！」のサイン。相手の口を舐めるのが「ごはんちょうだい！」、そっと目をそらすのが「敵意はないよ」などなど。こうしたボディランゲージの一部は、イヌたちにも受け継がれている。

匂いによるコミュニケーションも、基本的にはイヌと同じ。目印におしっこをして匂いづけをし、ナワバリ内を嗅ぎ回り、ほかオオカミの身体に鼻面を押しつける。オオカミは優れた嗅覚をもち、匂いからさまざまな情報を読み取ることが可能なのだ。

オオカミ世界での「会話」はとても高度で複雑だ。彼らは人間に近い社会生活を営み、互いにエチケットやマナーを守って暮らしている。

オオカミが人類の親友「イエイヌ」になれた一番の理由は、そこにあるのかもしれない。

オオカミは「脚」で狩る

オオカミは群れをなし、先頭を駆けるリーダーに率いられ、獲物を見つけるため毎日50キロ以上も、広く移動する。離れればそれぞれの位置を遠吠えで確認し合い、走り続ける。

オオカミは獲物であるシカ類と比較しても、走るのは決して速くない。また、ネコ科の大型肉食獣のように一撃で獲物を倒す牙もない。だから「脚」とチームワークを駆使して獲物を狩るのだ。


オオカミは獲物を慎重に選び、子どもや年老いているもの、弱っているものを優先的に狩る。これはほかの肉食獣も同じだ。健康な獲物を狩るのは危険な仕事であり、反撃を食らえばケガを負い、殺されることだってある。彼らはそれをよく知っている。

オオカミの狩りは基本的に追跡型だ。獲物を発見すると、長いときには5キロメートルも追い回す。この追跡の間に、獲物のコンディションを見きわめているらしい。

獲物に追いついたオオカミは、四方から脇腹、尻、脚を狙って飛びかかかり、引き倒す。ネコ科肉食獣の見事なハンティングに比べると、あまりスマートなものではない。ヘラジカやバッファローのような一度に倒せない獲物は包囲し、執拗に攻撃をしかけ、衰弱するまで待ち続けることが多い。ときには休憩しながら、何時間でも待っている。

オオカミには、それぞれの役割を果たす42本の歯がある。犬歯は肉を刺し、つかむために。切歯は肉の小片をつまむために。裂肉歯〔3〕はハサミやナイフのように使われる。臼歯は、骨を噛み砕くためのものだ。その歯で内臓から骨、皮までほとんどすべて食べてしまう。残すのは太い骨だけだ。

どうしても獲物を倒せない場合は、諦めて立ち去ることもある。オオカミの狩りの成功率は、ほか肉食獣と比較しても高くない。

その反面オオカミは、1頭あたり1日平均2~6キロの肉を食べる。ときには1度に10キロ~20キロもの肉を消化し、2~3週間は食べなくても耐えることができる。

そして、平気で数時間も数10キロも走ることができるのだ。

〔3〕上アゴの第4前臼歯と下アゴの第1後臼歯

ナワバリ闘争は命懸け

オオカミはパック単位でそれぞれナワバリをもち、その広さは1万ヘクタールから10万ヘクタールほどの面積となる。もちろん、パックの頭数や獲物の大きさ・量、そして近隣のパックのナワバリにも影響される。

オオカミはナワバリを時速6~8キロのトロットで、1日40キロも50キロも走り回る。何か異常はないか、獲物はいないか、オオカミは常に警戒している。オオカミにとってナワバリはとても大事なものだ。もし、よそものが入って来ようものなら、断固として侵入を阻止すべく攻撃を開始する。

オオカミと同族のイヌもナワバリ意識をもち、散歩中に電信柱などにマーキングをするし、庭先に入った宅配便のお兄さんに吠えたてて困らせたりもする。だけどオオカミと比較すれば、イヌはきわめて「甘ちゃん」だ。

オオカミは、吠えるだけで済ますような対応は、まずしない。ナワバリはほかのオオカミに対して、自分たちの占有権を主張するための結界だ。ひとたび争いが勃発すれば、どちらかが死ぬまで闘う。そうでなければナワバリを確保して、パックを守ることができないからだ。

お隣さんのパックとは、よい関係ではない。顔を突き合わせれば死闘になるから、自分のナワバリはいつも巡回して境界を確認する。パック同士のナワバリの間には、十分な距離を空けている。そこが緩衝地帯となり、ときどき遠吠えで距離を確認し合っている。人間になぞらえると、お隣とは道路を隔てて向かい合い、つかず離れず境界争いが起きない程度に関係を保っている、という感じだ。

ときには、家を出た若い息子とお向かいさんの娘が、突然駆け落ちしてはるか遠くで所帯をもつということもあるかもしれない。だが、それで両家が仲よくなるようなことはない。

イヌはオオカミになれないってば！

イヌは人類の最良の友だち。オオカミがイヌの祖先、ということでイヌ好きは得てしてオオカミ好きでもある。いつ、どこで、どうしてオオカミがイヌになったかについては大いに関心が惹かれるところだ。

２０１３年、フィンランドや米国の研究チームが米科学誌『サイエンス』に発表したところによると、

「３万２０００〜１万９０００年前のヨーロッパで、オオカミが狩猟採集民人類になついて生まれた」とのこと。出自は、中東や東アジアではないらしい。祖先はすでに絶滅した種で、彼らがヒトの食べ残しを求めて集落に近づいたことがきっかけだとか。

イヌ好きのひとたちは、自分の親友がオオカミと親戚であることが嬉しいのか、イヌとオオカミにはハンターとしての能力にも差がなく、似通っていると主張したりもする。

自然界でのオオカミの役割のことを話すと、

「オオカミにできてイヌにできないわけがない」

と鼻を鳴らすひともいるし、

シカが増えすぎて困っているんですよ、と何気なく話を向けると、

「イヌにやらせればいいじゃん」

とこともなげに言い放つひともいる。

もちろん、イヌ好きがみながそうではないと承知のうえで、いま一度断言しよう。

「イヌとオオカミは違うんだってば！」

確かに、遺伝子的にはオオカミとイヌには違いはなく、交配が可能だ。オオカミの中で人間に馴れたものが「イエイヌ」となり、用途に沿って400種もの品種をつくりだされ、その中には高い能力を備えた猟犬もいる。だが、もちろんのこと、猟犬はハンターではない。

オオカミは野生の肉食獣であり、獲物を捕らえ、獲物を仕留めるプロのハンターだ。猟犬の場合。獲物を発見して追いつめ、獲物を動けなくしてとどめておくまでが、彼の役目。獲物を確実に仕留めるのは、人間である彼の主人、「ハンター」なのだ。

オオカミはとにかく走り回る。本質的に長距離ランナーだ。オオカミの平均時速は40〜55キロ。最高時速の55〜70キロを、最低20分は維持できる。食べ物を探して50キロ以上も移動し、獲物を見つければ最高速度で追跡し、相手が弱るまでしつこく追い回す。200キロ移動することだってある。

以前、クマ撃ちをやっていたという長野県の老猟師に話を聞いた。

彼は、紀州犬を1頭連れて単身山に入り、1週間は獲物を探し歩いたという。山越え谷越え、獲物を追い、運よくクマを仕留めて帰るころには、紀州犬は、脚を痛めて歩けなくなってしまう。だから猟師が彼を背負って帰ってくることがよくあった。足裏の肉球が破れてしまうらしい。そのくらいの苦労をして1週間歩いても、おそらくオオカミが1〜2日ナワバリを見回る距離とたいして違わない。

オオカミとイヌとの、走力・持久力の差は、身体の構造の違いによる。

オオカミはイヌに比べて身体が大きく、体高は約60〜90センチ。肩幅が狭く、肩甲骨がイヌより深く曲がって斜めにつき、上腕と肘が柔軟に動いて身体に引きつけられている。そのため胸の真下に前足があるように

イヌ

オオカミ

見える。だからオオカミは、肩関節と肘を自由に伸ばし、歩幅を大きく、呼吸を楽にして、速く長く走ることができるのだ。

足跡を比べてみても、オオカミの方が一回り大きい。その大きな足が、特に雪の上で威力を発揮する。

また、頭の形が違うし、歯の大きさも違う。

オオカミの頭骨はイヌに比べ細長く、脳容量も大きい。ストップ（顔面部の中窪み）がイヌのように大きく窪んでいない。また、上アゴの裂肉歯が、どんな種の犬よりも1・5倍は大きい。

オオカミのアゴの力は大型犬のシェパードよりも2倍近くもあり、ヘラジカの大腿骨でも6回から8回噛めば粉砕して飲み込んでしまう。

オオカミの目が吊り上がって見えるのは、アゴの筋肉が多いためだ。

もうひとつ大きな違いがある。『オオカミ―その行動・生態・神話』）エリック・ツィーメン著）〔4〕より引用しよう。

「しょっちゅう狩りの失敗をするという贅沢は、イヌにだけ許されている。オオカミは自分の体力を節約して使うということを、早くから学ばなけれ

〔4〕Erik Zimen
1941～スウェーデン出身。オオカミ研究の第一人者。
『オオカミ―その行動・生態・神話』今泉みね子訳／白水社／2007

イヌ

オオカミ

ばならないのである。」

飼育されているオオカミでも、狩りに必要な技術や種目を生まれてからごく初期の段階でマスターしてしまう。狩りにおいて自分ができないことや、何が無意味な追跡かを、イヌよりもはるかに早く学習し、その後失敗することがない。

これに対して猟犬は、畑のカラスは捕まえられないということをいつまでたっても学習しないし、ノウサギを山越え谷越え追いかけて失敗しても、何度も同じことを繰り返したという。

生きるために自ら獲物を狩るものと、たとえ失敗してもエサを与えられるものとでは、「狩り」に対するモチベーションがそもそも違うのだ。

オオカミも「ネコ」には敵わない

イヌとネコは、どちらも人間の友人で、どちらの親戚も獲物を狩る大きな肉食獣だ。共通の祖先は、6000万年ほど前に誕生したミアキスなる小さな捕食者。森林の樹上に棲んでいたミアキスは、やがて草原に向かってイヌ属となり、森林の奥に向かったものがネコ属となったという。

さて。イヌ科最強のオオカミだが、ライオンやトラなどのネコ科の大型肉食獣と比較すると、ハンターとしては見劣りがする。

草原の王者ライオンは、自分より大きなキリンやゾウも倒す。4~5メートルもあるキリンの背中に大きな身体で飛び乗ることができるし、トラも後脚が前脚より長く、跳躍に適している。一跳びでゾウの背中にいる人間に襲いかかり、あやうく殺されかけた事件もあるほどだ。

ネコ科動物の特徴は、瞬発力と跳躍力だ。ライオンはオオカミのように群れをなし、集団で狩りをするので例外だが、ほかのネコ科は単独で行動をするため、大小問わず忍び寄り型の狩りをする。草むらに隠れてそっと近づき、最後にダッシュして襲いかかり、逃げる獲物がスピードを加速する前に、ジャンプしてまっしぐらに飛びかかるのだ。

ネコには、対象のものに向かって前脚を伸ばし、そこからたぐり寄せるようにして一気に叩くという、通称「ネコパンチ」なる必殺技がある。

トラやライオンが、発達した前脚と肩の筋肉から繰り出すネコパンチは、獲物の背骨をも折る。それ以上のパンチ力を備えているのが、南米の王者ジャガーだ。ジャガーは獲物に忍び寄り、前脚でこめかみを打つフック一発で倒すともいわれている。ジャガーという名は、南アメリカ先住民が呼ぶ「ヤガー」が由来だが、「一突きで殺す者」という意味からきている。

オオカミには、ネコ科の大型肉食獣のように、一咬みで獲物を殺すような芸術的な殺傷力もない。なにしろネコ科は、長く平たい牙を獲物の頚椎の隙間に差し込み、神経を切断するのだそうだ。ジャガーにいたってはアゴの力も並外れているから、亀の甲羅も噛み砕いてエサにしてしまう。

オオカミはどの能力をとってみても、ネコ科の大型肉食獣には敵わない。自慢のアゴの力も、彼らと比較すれば強くない。一撃で獲物の首を折るパンチ力もない。チーターほどの瞬間的な速さだって、ない。

オオカミは肉食獣としてネコ科ほどには大きくはならず、持久力と走力に特化した身体となることを選択した。群れをなして社会性を高め、互いに協力し合うことで、自分よりも大きな獲物を狩る可能性を広げた。

1頭1頭の運動能力は、ネコには劣る。だがオオカミには、それを補うほどの知恵があるのだ。

オオカミをめぐるQ&A Part 2

編集部編

Q7 オオカミはドッグフードを食べますか？

A

食べますよ！　果物も魚も食べます。でも、基本はやっぱり生肉です。動物園によっては、年寄りのオオカミのために、食べやすいようにふやかした小粒のドッグフードをあげたりもしています。

Q8
オオカミを飼うことにあこがれています！

A

オオカミを飼うことはできます！

でも、道のりは厳しいです。なんといってもオオカミは特定動物。「ひとに危害を加える恐れのある危険動物」であり、野性動物です。チワワやらラブラドールなどのイヌを飼うようにはいきません。


販売業者さんによると、価格はホッキョクオオカミ約160万円、シンリンオオカミ約140万円。少し前のお話ですので、個々お調べください。また、国内飼育には、危険動物の免許が必要です。飼育施設など諸々、条件があります。広い敷地と頑丈なオリ、十分な運動量などなど。詳細は自治体の「動物愛護管理行政担当部局」に問合わせましょう。

無事オオカミを家に迎えても、「散歩」は敷地内の柵の中だけとなります。人目に触れますと、「オオカミがいるぞ！」と、近隣にいらぬ不安を与えます。遠吠えもしますので、「どうにも我慢ならん！」と、不興を買うかもしれません。あらかじめ周囲との友好な関係を築いておくことが重要ですね。

オオカミの幸せのため、充分な覚悟と資金、入念な準備をもって臨みましょう！

Q9
オオカミって、
つまり
「ちょっとでかいワンコ」
なんでしょ？

A

ネコ科のトラは「ちょっとでかいニャンコ」じゃないですよね？

オオカミとイヌとの、わかりやすい違いといえば。

①上アゴの裂肉歯という肉食用の歯が、どんな種のイヌより大きい
②前脚がイヌよりも後ろの方にある
③オオカミは垂れ尾のみ、立ち耳のみ
④尾の根元にフェロモンの1種「スミレ腺」がある
⑤アゴの力が強く、頬骨が高く目が吊り上がってみえる
⑥「ワンワン」と連続して鳴かない

また、オオカミの群れは上下関係がはっきりしていて、リーダーが必ずいます。人間の祖先は、オオカミから社会性を学んだという説もありますよ。

Q10
オオカミに一番近い犬種はなんですか？

A

オオカミにもっとも近いDNAをもつイヌ。
それは、日本の「柴犬」です。
最近は外国でも、クールで賢いと大人気の、SHIBA INU!

2012年、米国ナショナルジオグラフィック誌で発表された研究成果によりますと。
犬のDNAは大きく4つのグループに分けられ、そのひとつが「WOLF LIKE(ウルフライク)」、野性のオオカミに近いオオカミ系です。その中でも、もっともオオカミに近いイヌの順位は。

①柴犬
②チャウチャウ犬
③秋田犬
④アラスカン・マラミュート

意外なことに、オオカミに外見そっくりなシベリアン・ハスキーは、これらの犬種に比べるとオオカミのDNAからは離れています。

Q11
エゾオオカミ、ニホンオオカミってどんなオオカミだったの？

A

日本のオオカミについては、きちんと研究される前に滅びてしまいました。ですが、「こんな説もある」と紹介することはできます。たとえば。

エゾオオカミについては、体高が70～80センチで毛色は褐色。岐阜大学の石黒直隆教授によると、遺伝的にはカナダのユーコン地方のハイイロオオカミと同じで、ユーラシア大陸からサハリンを経由して渡来してきたそうです。一方、ニホンオオカミは体高56～58センチ。日本列島に閉じ込められ、小型化したのかもしれません。在来犬と交雑した可能性もあります。だけど、確かなことはまだわかっていません。

大群をつくらず山の岩穴などに営巣し、夏毛と冬毛で色が変わったという話もありますし、面白いものでは、「水かき（?!）がある」という俗説。これなどは、ほかの生き物と混同しているのかもしれません。

エゾオオカミ

ニホンオオカミ

Q12
日本のオオカミ標本がある博物館を教えてください！

A

日本国内
○　北海道大学総合博物館　エゾオオカミ
○　上野・国立科学博物館　福島県産のニホンオオカミ
○　東京大学　岩手県産のニホンオオカミ
○　和歌山県立自然博物館　奈良県産のニホンオオカミ

日本国外
○　オランダ国立自然史博物館　Naturalis（ナチュラリス）
シーボルトが飼っていた「ヤマイヌ」がいます
○　ロンドン自然史博物館
奈良県産の最後のニホンオオカミがいます。仮剥製と頭骨

ぜひ訪れて、オオカミたちと心ゆくまで対話してください。

神話・伝説の中のオオカミ Ⅱ

オオカミは穀物の精霊

夏。花が咲き穂が出るころ、麦畑には風が吹き渡ります。ドイツの農民はその風を「コルンムーメ（麦ばあさん）」と呼んだといいます。

コルンムーメは穀物を守る精霊で、ときにはオオカミに変身して、風となって麦畑を走るのです。ヒツジやネコになることもあります。オオカミはざわめきながら畑を荒らすものを退治し、その足は麦の花粉を散らし、祝福を与えます。

その風が、「ライ麦オオカミ（ロッゲンウォルフ）」、「小麦オオカミ（ヴァイツェンウォルフ）」です。

また、ボンメルン州では、麦畑で遊ぶ子どもにこう戒めたといいます。

麦畑には6本足のライ麦オオカミがいる。

だから、麦畑に風が吹くころに、畑には入ってはいけないよ。


似たような言い伝えは、フランスにもあります。

古代ローマ・ヨーロッパでは狼神は大地の、穀物の神でした。子育てをする優しい母オオカミには、地母神の面影が漂っています。

ドイツといえばグリム童話の「赤ずきんちゃん」ですが、「ライ麦オオカミ」「小麦オオカミ」の呼び名は、穀物霊・豊穣神としての一面を見せてくれます。

地域によっては、最後に刈った穀物の束でオオカミの形をつくり、収穫を祝う風習があったともいいます。

ある夕方のことです。
1頭のオオカミがヒツジ小屋のそばを通りかかると、
ヒツジ肉を料理している匂いがしました。
オオカミは近寄って、ヤブの陰からのぞいてみました。
すると子ヒツジが火にあぶられていて、
ヒツジ飼いたちが肉のおいしさについて話し合っていたのでした。
オオカミは考えました。
あんなことをしたのが俺だったら、
やつらはどんなにののしり声をあげて、
棒と石をもって俺のことを追い回すだろうな、と。

「オオカミとヒツジ飼いたち」イソップ童話より

第3章
世界のオオカミ
絶滅から復活へ

オオカミをめぐる現在

現在、オオカミはヨーロッパ大陸の大部分で復活してきている。中近東と北インドでは生息数は減少。ロシアと中国に関しては、はっきりしていない。

アメリカ大陸では、アラスカとカナダにはいまなお多く、メキシコにも少数ながら生息している。アメリカ合衆国では再導入地域を除き、ミネソタ州北部とスペリオル湖のロイヤル島に固まっている。

アメリカとヨーロッパで、オオカミ保護の機運が盛り上がるのは1960年代のことだ。

そして1973に年アメリカで絶滅危惧種法（ESA）が制定、1979年にヨーロッパ共同体（EC）でベルン協定（「野生動物とその生息地保護に関する協定」）が締結され、オオカミの保護も対象とされた。この政策は、ヨーロッパ連合（EU）にも継承され、現在、ヨーロッパ29カ国に2万5000頭以上のオオカミが生息している。欧米社会における、長い歳月に及んだオオカミ迫害の歴史に、ようやく終止符が打たれた。しかし、いまなおオオカミへの偏見は残り、世界各国で害獣として狩猟されているのも、事実だ。

迫害と保護、人間の思惑にオオカミは翻弄されるばかりだが、生き延びてきたオオカミはどこにいて、何をしているのだろうか。

アメリカ　イエローストーン国立公園の挑戦

1988年当時、アメリカ魚類野生生物局西部地区、オオカミ復活プロジェクトのリーダーだったエド・バングスは、誰に対しても「オオカミは面白い！」と言い続けたという。


「どうしてオオカミを復活させることを謝らなきゃならないんだ？」

「オオカミは人間を襲わない、経済を侵害しない」

「家畜を食べるかもしれないが、ほんのちょっとだ」

「そのうえオオカミは注目に値する魅力的な動物だよ」

「多くの人たちがオオカミを好きになる」


ヨーロッパ人が入植する前後、アメリカ全土でオオカミは200万頭いるとも言われていた。だがハイイロオオカミもメキシコオオカミ（『シートン動物記』の狼王ロボもこの亜種）も国を挙げて駆逐され、1930年代までにアメリカ本土からほぼ姿を消していた。

野生生物学者アドルフ・ムーリーがアラスカのマッキンレー山で1群の

オオカミを追跡し、その研究成果『マッキンレー山のオオカミ』を発表したのは1944年。

オオカミの運命が大きく転換するのは、環境保護運動が高まる1960年代のこと。生物学者レイチェル・カーソンの『沈黙の春』が刊行され、カナダの国民的作家ファーリー・モウェットが『狼よ、なげくな』〔1〕を発表。アラスカに暮らすオオカミと自然と人間の関係を、主人公の小説家を通して描き、大ヒット。ディズニーによって映画化もされ、オオカミのイメージアップに大いに貢献した。

〔1〕306p参照

そして1965年、ようやくオオカミ捕獲懸賞金の制度が廃止される。しかし、このときまでに、オオカミはミネソタ州北部の湖水地方とアラスカに、わずか数100頭が生息するだけに減少していた。

さて、ロッキー山脈の北部、ワイオミング州にあるイエローストーン国立公園は広大な自然公園だ。かつて、ハイイロオオカミの亜種とされていたノーザン・ロッキー・マウンテン・ウルフが生息していた。

オオカミ殺害の最後の公式記録は1926年。40年代にはオオカミの群れが目撃されなくなり、70年代には絶滅が宣言されていた。

オオカミがいなくなると、公園ではエルク〔2〕が増えはじめ、アスペンやポプラのような川岸の落葉樹が衰退し、土壌の流出が警告された。ダムをつくる材料を得られなくなったビーバーは姿を消し、ビーバーのつくるダム湖にいた水鳥も渡ってこなくなった。オオカミがいない草原ではコヨーテが増え、小動物が捕食されて減った。

1966年。事態を憂えた生物学者たちが、公園へのオオカミ再導入のアイデアを議会に提出。だが、地元の牧場主から強い反対を受けてしまう。1973年にワシントン条約が締結。絶滅危惧種法が施行されて、オオカミがリストのトップに挙げられたことから、事態は好転する。

そして1974年、オオカミ復活チームが任命された。

オオカミ再導入への道のりは、決して平坦ではなかった。反対論や慎重論も多く、政治的な攻防が続いた。それでもアメリカ政府は地道な努力を重ねた。長い基礎調査を経て1987年、アメリカ魚類野生生物局による「北部ロッキー山地オオカミ復活計画」が7年越しで承認され、本格的な活動が開始する。

満を持して、オオカミがカナダからイエローストーン国立公園に運び込

〔2〕北アメリカ大陸から東北アジアにかけて生息する大型のシカ。アメリカアカシカ。ワピチ

まれてきたのは、1995年1月。まずは順応のため、公園の中の柵内に10週間置かれることになった。だが、土壇場でワイオミング州の農業局と再導入反対派とが提訴をした。そのため、オオカミはコンテナの中に36時間も閉じ込められ、ぐったりしてしまったという。

同年3月21日。ついに柵が開けられ、オオカミは放された。暦の上では春とはいえ、まだ深い雪に覆われていたイエローストーンの大地を、オオカミがゆっくりと歩きはじめる。人間の意図で絶滅してしまった生物が再生する、偉大な1歩だった。

計31頭導入されたオオカミは5年後には、100頭を超えて200頭に達するまで順調に増加した。その後、エルクの減少とともに、犬ジステンパーの流行、ナワバリ争いなどで頭数が減少。現在およそ100頭が公園内に生息している。

ロッキー山系全体では約1700頭を確認。これは2008年までの目標、「3つの州（ワイオミング州、モンタナ州、アイダホ州）それぞれに100頭のオオカミと10組のつがいを回復させること」を大きく超えた。

公園ではオオカミツアーなどの観光客も増え、年間で30億円の経済効果があるともいわれる。
オオカミを再導入して以降、公園では

①1万6000頭いたエルクが4000頭まで減少。川岸の植生が回復
②コヨーテの減少によりアカギツネの個体数が増加
③川岸の植生回復により、ビーバーの個体数が増加、水鳥の復活

などの、生態系バランスの復活も確認された。

もちろんよいことばかりではない。
個体数増加を受けて2011年、ワイオミング州ほか2州で、オオカミは絶滅危惧種のリストから除外された。公園の外に出たオオカミは、州管理で駆除や狩りの対象となった。オオカミによる牛やヒツジ、イヌなどの捕食被害も発生しているため、地元牧場主やオオカミ嫌いのハンターたちは歓迎した。しかし、野生動物の擁護者たちは「ようやくはじまった近隣地域のオオカミ回復の取り組みを狂わせる可能性がある」と警告する。

２０１３年９月、ワシントンD.C.にて大規模なデモ集会DC Rally for Wolves 2013が行なわれ、国中のオオカミ保護を訴える団体、個人が集結した。そしてオオカミを絶滅危惧種から除外したことへの抗議を含め、オオカミへの虐待や無差別な殺傷行為に、絶対反対の声を上げた。

オオカミはアメリカの歴史の中で、もっとも政治的に利用されてきた哀れな生き物だ。彼らの運命は、いまも昔も、人間の手のひらの上にある。

After

オオカミを再導入する前とした後、どこが違うかな？

イタリア　居酒屋のオオカミ

イタリア半島には、ハイイロオオカミの亜種、イタリアオオカミが推定600~1000頭生息している。ヨーロッパオオカミに比較して少し小さめで、毛色が赤みがかっているのが特徴だ。

イタリア半島の歴史では、オオカミは嫌われているばかりではない。それどころか神格化され尊敬されてもいた。古代ローマ神話では、建国者ロムルスと双子の弟レムスは、雌オオカミの母乳で育てられたと伝えられる。ローマ市のカピトリーノ美術館の、有名な「カピトリーノの雌狼」のブロンズ像をはじめ、大きな乳房をもつオオカミは長らくシンボルとして愛された。いまでも、置物から菓子パン、サッカーチームの紋章まで、暮らしの至るところでオオカミは大人気だ。

だが中世以降、ほかヨーロッパの国と同様にオオカミは憎まれ、1950年代末には中部イタリアのアブルッツオ州山地で、わずかに目撃されるだけとなった。

1972年、若き日のエリック・ツイーメンとルイージ・ボイターニ〔3〕

〔3〕Luigi Boitani イタリアのオオカミ研究者

は、WWF（世界自然保護基金）のサポートで、イタリアオオカミの実態調査のために、アブルッツオ州の農村に足を踏み入れた。

2人はある日、居酒屋で出会った農民たちに「オオカミを見たことがあるか」と聞いた。農民たちは否定し、「なぜオオカミを探すのか」「オオカミは何の役に立つのか」「オオカミが怖くないのか」と聞き返してきた。やがて1人の牧童が発言する。彼は、農民が飼うヒツジを早朝預かって山に放牧し、晩には戻す仕事をしていた。居酒屋にいる人間で、オオカミが生息すると噂される山地を、実際に歩いているのは彼だけだった。

農民たちが口々に、オオカミは怖い、だから夜は歩かないと語る中で、牧童は「自分は夜道を歩く」と言う。

「オオカミが怖いかって？　ぜんぜんさ（ノー・マイ）」（『オオカミ―その行動・生態・神話』エリック・ツィーメン著より）

オオカミに関する知識も経験もない住民は怖がり、経験のある羊飼いは「ノー・マイ」という。世界中どこでも同じようだ。

イタリアのオオカミ保護活動は、ベルン協定に先駆けて、この2人の調査からはじまったと言える。

当時、アブルッツォ州にかろうじて残り、牧童だけが知っていたオオカミの個体群は、70年代の保護以降、イタリア半島の脊梁山脈であるアペニン山脈全域に広がった。ローマ市のあるラツィオ州、フィレンツェ市のあるトスカーナ州もその範囲に含まれる。オオカミはさらに北上してアルプス山脈の南麓に沿って東に移動したらしい。工業都市ミラノのある、イタリアで最大の人口を擁するロンバルディア州やアルプス山麓のトレンティーノでも何件か目撃報告があるという。

海沿いにも移動して、フランス国境を越え、メルカントール国立公園にも定着し、フランスとイタリア国境の北側を回ってスイスアルプスにも入った。その数、推定100頭だ。オオカミが増えたためか、数は少ないながら次のような目撃エピソードも伝えられている。

2007年冬、アブルッツォ地方の小さな村、ヴィッレッタ・バッレーアにある地元の居酒屋にオオカミがふらっと現れた。空いているドアから店内を眺め回し、居酒屋にいる男たちを震えあがらせた。バーテンダーが投げ与えた肉汁したたるようなステーキパンをぱくりと食べた後、何事もなかったようにふらりと出て行ってしまい、二度と姿を現さなかった。

もっとも古くからオオカミが生息するアブルッツォも含めて、イタリアでは1件も人身被害は起きていない。ただ、ローマ市内では交通事故死していたオオカミがいる。市内を徘徊し、ゴミ置き場でエサを探していたらしい。それまでローマ市民は誰ひとりとして、オオカミが近くにいることを知らなかった。

ドイツ「オオカミなんて怖くない」

「赤ずきんちゃん」の生まれ故郷ドイツでは、１９００年前後にはオオカミは絶滅状態だった。

東ドイツでは東西再統一まで、ポーランドからオオカミが入ってくれば、発見次第駆除されていた。西ドイツでは１９７６年の自然保護法により、オオカミは保護の対象となっていた。１９９０年の再統一により、ようやく全ドイツでオオカミの捕獲、傷害、殺害、そして繁殖場所および休息場所の破壊が禁止となった。

そして１９９８年。東ザクセン州のオーバーラウジッツ地域、ポーランドとの国境付近で2頭が発見された。政府はベルン協定を守り、保護を決定。２０００年には6頭（子どもを含む）の野生オオカミが確認され、２００９年までには４０頭ほどが生息するようになった。

２０１２年、ドイツ国内には、成獣オオカミが４７頭、ポーランド側にいる頭数まで含めると約７０頭が生息している。２０１３年の情報では１４０頭を超えたとも聞き、嬉しい限りだ。

さて1999年、ドイツ最大の自然保護団体NABU（自然保護連合）とフォルクスワーゲン社は共同で、「ウェルカム ウルフ プロジェクト」を開始した。EU基金の支援でオオカミ博物館を建てるなど、東ザクセンや南ブランデンブルクにまで広がる「オオカミのための野生動物保護プログラム」に取り組んでいる。また、WWF（世界自然保護基金）ドイツ支部も、オオカミを主体とした若者向けプログラムを実施して、オオカミ情報の提供を行なっている。

東部ドイツへの約100年ぶりのオオカミ復活は、最初は波紋を呼んだ。畜産家や狩猟団体などの反対もあり、「赤ずきんちゃん」の悪いオオカミのイメージから、恐れられてもいた。

2002年、オオカミが復活したことを心配した、ある母親による投書を紹介しよう。

私たちの子どもにとって大変危険なのじゃないの？　どこに行ってもオオカミを恐れないといけない。いままでのように安全な森に返して。

NABUやWWFドイツ支部のオオカミ保護活動は、こうした「オオカミ＝悪」のイメージを取り除くことも、大きな仕事だ。NABUでは4月30日を「オオカミの日」と定めて、キャンペーンを実施している。こうした努力が実を結び、周辺住民もおおむね「オオカミ復活」を好意的に受け入れるようになっていた。

しかし2012年、ドイツ西部のラインラント・プファルツ州で、オオカミが銃で撃たれて死んでいるのが見つかった。皮肉にも、この地方では123年ぶりのオオカミ発見でもあった。国民は怒りの声を上げた。州環境相は声明を出し、「種の保護という観点からは悲しい出来事だ」と述べ、「この動物を殺したことは正当化できない」と語った。同州の狩猟協会も、「オオカミの射殺は自然保護法令の重大な違反であり、責任を負うべき者は処罰されるべきだ」とした。そして情報の提供者に1000ユーロ（約13万円）を超える懸賞金を出すと発表した。結局、オオカミを撃ったのは71歳の男性で、「野犬と間違えた」と釈明した。

ドイツではすでに10州でオオカミの生息が確認されているが、この事件は、西部にもオオカミが広がり定着する出鼻を挫いたようなものだ。彼はディスパーザル（分散）途中の若い個体だったかもしれない。やがて雌が追いつき、パックをつくったかもしれない。その機会を逃してしまったことは惜しい。しかし、行政や保護団体の責任者のコメントが、広く住民の目に触れたことは、オオカミへの憎しみや偏見をも取り除くきっかけとなったはずだ。この不幸な事件が、さらにオオカミが受け入れられる、赤ずきんちゃんの国の地ならしになったことを願う。

ルーマニア　オオカミが街を歩く国

多くの人間が「オオカミは文明と人間を避ける」と考えているが、イタリアやルーマニアなどでは、都市部に進出するオオカミの増加が注目されている。

ＢＢＣ（英国放送協会）ニュースが、ルーマニアの都市近郊に生息するティミッシュと名づけられた雌オオカミを取材した映像がある。１９９５年秋にこれが放映されたとたん、彼女は「街のオオカミ」としてスターになり、生態学者は誰もが彼女のことを知りたがった。では紹介しよう。

ルーマニアの古い都市ブラショフ郊外。深夜、電波発信機の首輪をつけた雌オオカミが道路を足早に歩いている。研究者はティミッシュと名づけ、受信機と赤外線双眼鏡でその行動を追跡している。彼女は森に住んでいるが、毎晩街に出かける。川を渡り列車が轟音を立てる鉄道の脇を歩き、鉄路を渡る。トラックが走る深夜の国道も渡って、山のようになっている街のゴミ捨て場で夜を過ごす。食べ物を漁っているのかもしれない。太陽が昇り、彼女の姿が肉眼でも見えるようになった。川原に飛び降り、川を渡っ

たとき、対岸を歩くイヌを連れた男性が、彼女に気づいた。しかし発信機がイヌの首輪に見えたのか、驚くこともなく行き過ぎた。住宅街の道路では、通勤する男性のすぐ後ろを通過した。彼はその朝、自分の背後をオオカミが歩いていたなどとは思いもしなかっただろう。

10数キロを歩き、ようやく彼女は森に戻った。そこには巣穴があり、10匹の子どもが、彼女の帰りを待っていた。

研究者がそのゴミ山を調査すると、残飯を漁るイヌ、ネコ、ネズミがうじゃうじゃといた。彼女は、子育てのために街で狩りをしていたのだ。

研究者は、報告書にこう書いた。

「ティミッシュとその家族は、食べるものがあり人間がオオカミの存在を受け入れることができるなら、オオカミがほとんどどこでも生きられることを証明した」

このオオカミが撮影された街ブラショフは、ルーマニアのちょうど真ん中あたりの、トランシルヴァニア地方の中心。人口は約28万人だ。トラックが走る深夜の国道や、通勤者のいる住宅街の早朝の歩道を、エサを探してオオカミが歩いていいことに驚き、疑問もあれこれ浮かぶかもしれない。

オオカミは深い森に生活する動物じゃないのか？
広い原生自然がなければ生きられないんじゃなかった？
オオカミが人間の近くに住んで、トラブルは起きないの？

ルーマニアは日本の3分の2の国土だが、ロシアを除けばヨーロッパで最大のオオカミ生息頭数を抱えており、現在約4000頭と推測される。オオカミは人間の想像以上に適応能力が高い。そのことは、保護の観点からも、我々とオオカミとのつき合い方にも、多くの課題を提起してくれる。

モンゴル　幸運を呼ぶオオカミ

オオカミと同じくらい知恵があり、運が強い者だけが、オオカミの姿を見ることができる。オオカミよりも知恵があり、運が強い者だけが、オオカミを仕留めることができる。（モンゴルの言葉）

モンゴル帝国の歴史をつづった『元朝秘史』の巻頭では、空から降りてきた「蒼き狼」が「白き牝鹿」と交わり、チンギス・ハーンの祖であるバタチカンを産んだとある。

オオカミを先祖として崇めるモンゴルでは、オオカミは家畜を食い荒らす「害獣」として狩りの対象にされる一方、幸運を呼ぶ聖なる動物とされている。

そのモンゴル出身の第６９代横綱、白鵬関も、オオカミと出会ったことによって、幸運を与えられたと信じている。

２０１１年に開催された日本オオカミ協会のシンポジウム「ドイツに見るオオカミとの共生」で、白鵬関は次のように語った。

新入幕だった当時19歳の白鵬関は、モンゴル帰省中にお父さんとドライブに出かけた。その途上、何気なく眺めていた草原で、ちらっと白い動物が視野に入った。白鵬関は最初、ヒツジだと思った。ところがお父さんは、「あれはオオカミだ」と言った。車を停めてもらってよく観察すると、確かに白いオオカミだ。逃げもせず白鵬関を見ている。鳥肌が立った。蒼い目をしていた。

「モンゴルではオオカミは縁起のよい生き物」。

日本に戻り、名古屋場所11日目、横綱朝青龍と対戦した白鵬は、2度目の挑戦で初金星をあげた。そこから快進撃がはじまり、4年後、横綱に昇進した。

「オオカミとの出会いが幸運を呼んでくれた。いまもそのときの幸運をもち続けている」と白鵬関は言う。

1960~70年代まで、モンゴルの大地には数多くのオオカミが生息していた。1980年のモンゴル科学院の推定では3万頭だったが、直近では1万頭以下と推定されている。オオカミ減少の主な原因は、開発、密猟、森林・草原火災などだ。

草原に生きてきたモンゴル人の多くは、オオカミが幸運をもたらす動物であると信じ、「オオカミを見れば、その知恵と強い運命を自分のものにでき、殺すことができるのならば、オオカミよりも賢い」という。

だが、いまだ行なわれている伝統的な「狼狩り」では、毛皮が商業的価値をもち、身体の各部分が薬として使用されている。それに加えて近年ではスポーツハンティングの対象ともなっている。

オオカミは崇拝の対象ではなく、運試しだけの対象になったのだろうか。

先のシンポジウムで、白鵬関はモンゴルでは草原が荒れていること、オオカミが減少していることを語り、母国の現状を心配した。

「もし、モンゴルからオオカミを日本に連れてきて再導入し、日本の地で無事に増えてくれれば。万が一モンゴルの自然が破壊されてオオカミがいなくなってしまうようなことが起きても、そのときには日本から逆に再導入することができるかもしれない」。

おしえてオオカミさん！

オオカミをめぐるQ&A Part 3

編集部編

Q13 オオカミとキツネは仲が悪いのですか？

A

オオカミもキツネも同じイヌ科の肉食動物ですが、キツネにとってオオカミは、ライバルでもあり怖い存在には違いありません。だからなのか西洋では、キツネのルナールとオオカミのイザングランの寓話が、古くから愛されています。たいてい、いたずらギツネが気のいいオオカミをだまし、ひどい目に合わせて笑いものにします。

けれど、キツネはオオカミの倒した獲物のおこぼれをいただき、オオカミはキツネの古巣を利用して、自分の巣穴として使ったりもします。森の中でオオカミとキツネは、そういう意味では、切っても切れない腐れ縁ならぬ、共生関係で結ばれています。

Q14
オオカミが人間を育てるってほんとですか？

A

インドの「狼少女」、アマラとカマラがよく知られていますよね。4本足で歩き、地面の上のお皿から直接口をつけて飲み食いし、亡くなるまでほとんど読み書きができなかったとか。

ほかには、フランスの「アヴェロンの野生児」も有名です。

でも、本当にオオカミに育てられたのかどうかは、いまでは疑問視されています。

ローマの建国神話をはじめ、オオカミが人間の子どもを育てる伝承は世界各地に多くあります。けれど、オオカミの母乳は人間のものとは成分が違うし、早く止まってしまうので、人間の赤ちゃんは育ちません。

ただ、オオカミは身内に優しい生き物です。ある程度育った人間の子どもが、何かをきっかけに仲間として受け入れられ、巣穴でオオカミと一緒に暖を取るなど、行動を共にする可能性はなきにしもあらず、です。

Q15

オオカミをイヌのように育てれば、イヌとして飼えそうですが……

A

オオカミを赤ちゃんのときからイヌと同じように育てても、イヌにはなりません。オオカミはオオカミになります。

オオカミも人間になつきます。個体差もありますが、呼べば近寄ってくるし、尻尾を振って顔も舐めてくれます。けれど、オオカミとイヌは違います。番犬にはなりません。お散歩にも連れて歩けません。

オオカミは、イヌではないからオオカミなのです。

Q16
どうしてオオカミはアフリカと南米にいないの？

A

アフリカには金色の毛のアビニシアジャッカル（エチオピアオオカミ）がいます。最近のＤＮＡ研究では、もっとも原始的なオオカミの仲間だとわかったとか！　オオカミのように群れで暮らし、子育てもします。だけど、狩りだけは単独で行なうそうです。現在、残念なことに絶滅の危機にあります。

南米には、オオカミではありませんが、イヌ科ではもっとも原始的な種であるヤブイヌが、中部以北に住んでいます。四肢が短く胴長で、小熊のように愛嬌があります。けれど見た目とは違って気が荒く、小動物だけではなくカピパラなども狙います。湿潤林や水辺を好み、指の間には水かき（！）があります。ヤブイヌも生息数が減っており、準絶滅危惧種です。

Q17

狼煙（のろし）は、なぜ「狼」という字がつくの？

A

昔むかしの中国で、敵の襲来を味方に知らせるため、乾いたオオカミの糞を火種に焚いたといいます。すると風にも負けない力強い煙がまっすぐに、高く立ちのぼったそうです。そこから「狼煙」という言葉が生まれました。

さて、オオカミの糞は、乾くと白っぽくなるのが特徴です。動物を骨ごとバリバリと砕いて食べるからなのでしょう。その糞には、火薬の原料である硝酸分が多く含まれていて、燃やすと通常の炎の色とは違い、煙も真っ黒だったとか。

ちなみに、まだ試してみたことはありません。あしからず。

Q18
オオカミと山犬って、つまり同じもの？

A

オオカミと山犬！　難しい質問がきました！

なぜなら、「ヤマイヌ」には定義、諸説が入り乱れているからです。

ちなみに、「ニホンオオカミ」は明治時代になって、北海道以外に生息するオオカミにつけられた和名です。


さて。さまざまな説を整理すると、こんな感じになります。

①昔、オオカミをすべてヤマイヌと呼んでいた
②中国に棲むドール（豺）がヤマイヌ、つまり架空のもの
③オオカミはオオカミ、ヤマイヌは野良犬、あるいはその雑種
④エゾオオカミと、ヤマイヌ＝ニホンオオカミ、別々に2種いた説

うーん。ややこしい。

地方によってもオオカミの呼び名は変わります。

「オホカメ＝おおかめ」という言葉が残っていたりもします。

また、柳田國男の『遠野物語』にはオオカミの話がいくつかありますが、そこでは「オイヌ」と呼ばれています。

神話・伝説の中のオオカミ III

死と再生のオオカミ星

アメリカの先住民たちは、偉大なハンターとしてのオオカミの、勇敢さや賢さ、そして家族愛の深さをとても尊敬しました。

彼らにとってオオカミは、祖先であり戦士であり神様でした。その遠吠えは、宇宙のスピリットとの対話でした。男たちは自分をオオカミになぞらえ、オオカミの仮面を被り、オオカミの歌を歌い、再生の儀式を踊りました。赤はオオカミの色であり、高貴な色でした。

アメリカのジャーナリスト、バリー・ホルスタン・ロペスは著書『オオカミと人間』の中で、スー族の戦士の歌を紹介しています。

「オオカミ」と
わたしは自分を呼んだ。

しかしフクロウが鳴く夜をわたしは恐れる。

また、ポーニー族は、狩りや斥候するときにはオオカミの毛皮をまとい、オオカミを真似た手振りで仲間に合図しました。

創造神話では、オオカミは南東の空を司る明けの明星＝オオカミ星です。地球の回転とともにオオカミ星は夜ごと誕生し、消滅します。オオカミ星は、死と再生の象徴でした。

神話では、ポーニー族の起源が次のように語られます。

世界のはじめ、「西からくる嵐」の袋の中に、最初の人間が入っていました。ある日、オオカミ星の化身である巨大なオオカミが、その袋を盗んで開きます。飛びだした人間は狩りをしようとしますが、バッファローはいませんでした。人間は怒ってオオカミを殺しました。「西からくる嵐」は悲しみます。オオカミを殺したことで、お前たちは世界に死をもたらしたのだ、と。

嵐は人間たちに、オオカミの皮を剥ぎ、その皮で神聖な包みをつくり、袋の中に入れるよう命じます。

そして彼らをオオカミ族＝スキディ・ポーニー族と名づけたのです。

第4章 オオカミのいない森

「風景健忘症」

オオカミがいない現在、北は知床半島から南は屋久島まで、日本列島でシカは増殖中だ。狩猟や管理捕獲で減る気配はない。こうしている間にも高山植物をバリバリ食べ、樹木の皮を剥いて、日本の森を食べ尽くそうとしている。北海道の大雪山でも、関東の奥多摩でも奥秩父でも、九州の祖母傾でも霧島山でもだ。四国の三嶺や四万十川上流でも同じだ。

日本の森の風景がどんなに変化してしまったのかを知ることは、誰にでもできる。森に入って、異変を感じ取ることができればよいのだ。

まずは正しい森のサンプルを見て目を慣らすこと。そうしてから森を眺めれば、違いがわかってくる。畑の野菜は、1個1個微妙に違っているものだが、小売店の店頭ではみんな同じサイズ、形で並んでいる。収穫、出荷のときに、「目合わせ」といって、複数の作業者、農家の間で規格を統一させる作業をしているからだ。森を見るにも、「森の目合わせ」が大切だ。都会でできる目合わせのサンプルは、東京近辺なら、明治神宮、神代植物園、高尾山、高尾にある多摩森林科学園、慶応大学日吉キャンパス内の一の谷と呼ばれる一帯、多摩市にある都立桜ヶ丘公園あたりがおすすめだ。

新緑の季節。森が正常なら、森は下の方から萌えだしてくる。木の上に新たな葉が開く前にいち早く光を得ようと、林床にはいろいろな植物が繁茂する。だから目の届く範囲、上から下まですべてが緑のはずだ。それなのに奥多摩や丹沢に入ると、視線の上方が緑で、下は土色という景観になっている。この色の配分は、どこかおかしい。

秋は、落葉樹の森には落ち葉の堆積がなければならない。剥きだしの土が見えている森では、何かが起きている。土が砂のようにさらさら、ザクザクと流れるようなのも危険信号だ。植物を食べ尽くして飢えたシカが、落ち葉を食べはじめ、ついには根っこまで掘り返した痕かもしれない。

きれいに整備されたように見える林も、太い成木だけが立っているのは変だ。本当の森なら次世代の幼樹やほかの潅木が必ずその近くにあるはずだ。もちろんバキバキ折れた枝が乱雑に転がっているのも絶対におかしい。

シカにせよイノシシにせよ、森の中に隠れてしまえば野生動物の活動は人間には見えてこない。森は内側から崩壊していくのだが、変化の進みは遅い。兆しを見ても、本来の森の姿を忘れてしまい、異変を認識できない。

すっかり風景が変わってしまってからそうと気づいても、もう遅い。こうした現象をジャレド・ダイアモンド博士〔1〕は「風景健忘症」と呼び、警告する。自然が壊れていくことを見過ごしてしまった文明は必ず滅びる、と。

〔1〕Jared Mason Diamond 1937〜 米国の進化生物学者。『文明崩壊——滅亡と存続の命運を分けるもの』楡井浩一訳／草思社／2005

森林の健康度チェックポイント例

- □地表を下草、または落ち葉が覆っているか
- □周囲に低木の群落があるか
- □地表が乾燥し、土砂の流出がはじまっていないか
- □樹皮がはがされていないか
- □鳥や昆虫、ほか動植物の種類は多いか
- □単調な植物群落になっていないか

紀伊半島の森

大峰山系、台高山系などの奈良・三重・和歌山県にまたがる紀伊半島の山々には、かつてたくさんのオオカミが生きていた。熊野にはオオカミに関する多くの民話や記録が残っている。最後のニホンオオカミの1頭が猟師に殺されたのは1905年、東吉野村だった。

2010年、僕は奈良県の吉野熊野国立公園の大台ヶ原を再訪した。約10年ぶりのことだ。骨のように白く立ち枯れたトウヒ林、広がるササ群落。大台ケ原の南東部、正木ヶ原の「白骨樹林」と呼ばれる特異な景観は相変わらず荒涼としていた。いや、樹木の本数は以前より減っているし、樹肌はより白くなっている。残っていた樹皮も全部剥がれ落ちたらしい。心なしかササの丈も短くなっているようだった。

正木ヶ原は温潤な気候に恵まれ、かつてはコケ類が繁茂する豊かな秘境だった。それが1959年、伊勢湾台風が樹木を倒し、陽が差し込んでコケが消滅し、ササが繁殖しはじめた。それから40年。なぜ森は白骨化したのだろうか。
白骨樹林を背景にしたステンレスのパネルは、1963年当時の同じ場所のまだ鬱蒼としたコケむす森の写真を示し、「昔はこんな景観でした」と説明している。

「信じられる?ここがこんな森だったなんて」
「ここの昔の写真です。この四年前、伊勢湾台風で木がたくさん倒れて、かつてより少し明るくなりましたが、まだコケに覆われているのがわかります。明るくなった林の地面をやがてササが覆うようになると、ササを主食とするシカが増え、増えたシカは木の皮をはがして枯らしてしまうようになりました。あなたの目の前の景色、いまはどうなってますか?」

シカは増え続け、大峰山系の弥山、八経ヶ岳にも、白骨樹林が飛び火のように次々と出現している。「日本野鳥の会」奈良支部が行なったコマドリの生息数調査では、大台ケ原を含む台高山系では9羽(2010年)、大峰山系で6羽(2011年)しか見つからなかった。30年前の10分の1だ。シカの食害で、繁殖場所のスズタケが消滅したためと推測され、

ほかの野鳥の生息数も当然減少している。

紀伊半島には「狼屾山（おおかみだわさん）」「狼烟山（のろしやま）」「小広峠＝吼比狼（こびろう）峠」など、オオカミゆかりの地名がいくつもあり、ありし日の風景をしのばせる。その昔、オオカミが一斉に遠吠えする声が山々に響き渡ることを「千匹狼」と呼び、村人は震えあがるとともに「山の神（オオカミ）が吉野の山にお参りに行く」と思ったそうだ。

熊野の山では、昭和に入ってからも多くのオオカミ目撃談がある。現在でもこの地の山深く、どこかでオオカミがひっそりと生存しているのではと追い続けるひともいる。オオカミの遠吠えの録音を一晩中流し、幻のオオカミに呼びかけたりもしているらしい。

だが、山々は沈黙したままで返す声はいまだ、ない。

伊豆半島の森

静岡県伊豆半島の天城山は、深田久弥〔2〕の『日本百名山』にも登場し、昔は深い森に覆われた山だった。ササのヤブが人の背丈よりも高く繁り、山道は迷路のようになっていて、登山者が惑うこともたびたびだったらしい。10年以上も前からそのササが短くなり、ついにはヤブがなくなってしまった。

自然ガイドとして長年活動していたひとから、撮りためた写真を見せてもらうと、伊豆半島の伊東周辺では見られなくなってしまった珍しい蝶や鳥が写っている。

天城山の現在と過去の景観を比較したいと思って、古くからの登山好きに「昔の写真を所有していないか」と尋ねたことがある。周辺の友人にも問い合わせてもらったが、結局出てこなかった。返ってきた答えは、「天城は見通しがきかない深い山だったから、昔は誰も山頂の写真なんか撮ってなかったんですよ」だった。

現在、天城山の山頂に登ると、きれいに伊豆の海が見渡せる。視界をさ

〔2〕1903-1971 小説家（随筆家）、登山家。

えぎる植物がほとんどないからだ。

　登山者は、それでも百名山の名前に惹かれてたくさんやってくる。そのひとたちは、いまの天城山の姿しか知らない。森の下層に植物がなく広々とした場所は、昼食を楽しむには最適だ。山頂からは海への眺望が開け、気もちのよい風がまっすぐに吹きつけてくる。

　シカのおかげで、海も堪能できる山になった、というべきだろうか。


　だが、今日の天城山は死んだ山だ。シカが好まない植物しか生えていないから、花の種類が少ない。花がないから、蜜を吸う蝶もいない。ほかの昆虫もいない。虫を食べる鳥もここにはいない。

　地元の猟師さんと連れ立って天城山に登ったら、昔を思いだしたのか、「ここは鳥も鳴かない山になっちまったなあ」と悲しげにつぶやいていた。

シカによる樹皮剥ぎ（天城山山頂）

南アルプスの森

長野県と山梨県、静岡県にまたがる南アルプスで、山麓にいるシカが高山帯に現れ、お花畑を踏み荒らし、高山植物を食べていることが知られるようになったのは、ここ10年のことだ。

南アルプスにしか見られない希少種のタカネビランジやアカイシリンドウ、キタダケヨモギなども減少した。そしてシカが食べないマルバダケブキばかりが目立ち、南アルプスはすっかり本来の姿を失ってしまった。被害は植物だけではない。キチョウやミヤマセセリなどの貴重な蝶類、特別天然記念物のライチョウなど鳥類も減少し、生態系全体が危機にある。

2010年夏。僕は高山植物へのシカ害問題を主要テーマとした「第2回大井川源流　南アルプス一〇〇人会議」（主催／NPO法人日本高山植物保護協会=JAFPA）に参加した。会場は静岡県の南アルプス南部の登山拠点にある椹《さわら》島ロッジ。パネリストは、JAFPA会長で山岳写真家の白籏史朗氏ほか環境省、学術関係者などだ。

僕はその中で、オオカミ再導入の可能性について問題提起し、「日本の

タカネビランジ

自然生態系が壊れはじめている」こと、「オオカミの復活で、かつてのように生態系の自然調節を図る」ことを、重点的にお話しさせていただいた。

会場からは

「オオカミ絶滅からシカが増加するまでのタイムラグが気になる」

「マングースなどの外来種移入と同様の問題が起きるのではないか」

といった質問が出たが、おおむね反応は好意的だった。

2日目のメニューは登山で、僕は転付峠コースを選んだ。

登山道を進むほどに、まだら模様のシカ食害の痕跡が現れる。道の数メートル脇の下草をかき分ければ、シカの糞がぽろぽろと落ちている。相当な数のシカがこのあたりにいるのは間違いない。

別の機会に、南アルプスを山梨県側から入ってみた。富士川から櫛形山の裏へ回り込むようなルートで南アルプスに近づく。車を降りて早川町の周辺を散策すると、シカの痕跡がありありと現れる。林床に草はなく、土が剥きだしで、樹木の枝がバキバキ折られている。

さらに奥へ進み、町役場前を過ぎると、一番奥の奈良田ダムの手前、西山温泉に出る。渓流に面した慶雲閣宿の裏手に回り、吊り橋を渡る。廃業した民宿もあり、打ち捨てられた広い庭はシカが食べ放題の様子だ。裏山の斜面は見事なシカの食痕、ディアライン〔3〕が形成され、土はざくざくに掘り返されている。

奈良田ダムの奥には、広河原の周辺に野生動物保護区、禁猟区があり、シカ猟はその外側で行なわれている。シカの害は、どこまで行っても同じようだ。森の中にも入ってみたが、どこでもディアラインがはっきり現れている。登ろうにも、砂丘のように地表が足元で崩れてしまう。木の枝は折れ放題で、根こそぎ倒れている樹木もある。見通せる斜面はまったく林床に草なしだ。

南アルプスの高山植物を守るために、希少種は柵に囲われている。いつか生態系が回復したときのために、遺伝資源として保護しなければならないのだが、これは悲しい光景だ。生態系が回復する日はいつだろう。本当にその日は来るだろうか。

〔3〕
シカが口を伸ばせる約2メートルから下の植物が食べ尽くされ、線が引かれたように見えること

ライチョウ

八ヶ岳の森

長野県の八ヶ岳でも、高山植物への食害が忍び寄っている。茅野から麦草峠に登る299号線、別名メルヘン街道。その周辺には古い別荘地がいくつもある。その庭には、シカの痕跡があふれるように現れている。植物が単一化し、羊歯のような植物だけが目立つ庭。ササが繁茂しながら、矮化した群落のある庭。害獣避けの電気柵で庭を厳重に囲っている家。このあたりでは昼間からシカが現れ、人間を怖れる気配すらない。

シカは、蓼科から北八ヶ岳に攻めのぼっているようだ。麦草峠では、10年ほど前からシカの食害によってヤナギランが消滅し、5年ほど前からは背丈の高い植生が消えた。ヒュッテ周辺の草原では、ハクサンフウロやシナノオトギリが生き残っているだけだ。テガタチドリ、シシウドはほとんどなくなってしまった。

冬季はシカが樹木の皮を剥ぐ。特にひどいのは、街道の南側の「駒鳥の池」周辺、北側の地獄谷と呼ばれている風穴跡へのルートの樹林帯である。どちらも樹皮剥ぎがはじまって、無残な状態になっている。峠から山梨側に少し下った白駒池周辺にも何ヶ所か、焼夷弾が落ちたように森が荒れているところがある。まだ細い木の皮をかじり、低木をバリバリ折りながら、シカが進撃していく様子が目に浮かぶ。

食害のため、樹木の再生もできないエリアも多いが、ところどころ若木の育っている地点もある。そのまだら模様の状況から、シカの食害がまさにはじまったばかり、「ただいま進行中」というのがよくわかる。

被害が目に見えてひどくなってからまだ5年程度らしいが、放っておけば、樹木は枯れて白骨化し、やがて倒れて草原化がはじまるだろう。

世界遺産の森

日本にユネスコ世界遺産（自然遺産）は、知床、白神山地、小笠原諸島、屋久島と4カ所ある。

そのうち、知床半島、屋久島は、すでにシカの増えすぎが見過ごせない。知床半島は先端の知床岬に毎冬500頭ものエゾシカの群れが越冬のために集まってしまい、ハルニレの巨木も樹皮を食べられて枯死の危機にある。

2008年ごろのことだが、知床大橋から先の林道を鮭番屋まで行く車に同乗させてもらったときに見た景観は、天城山と違いはなかった。林道の法面には5メートルおきにシカ道がついていたし、森の中は遠くまで見通せた。

屋久島も同じだ。人家のない西部林道は、ヤクシカとヤクザルの王国になり、ある場所では林床の植物をシカは食べ尽くし、サルが樹上から落とす木の葉を、シカ同士が取り合うおかしな生態系になっている。

白神山地にはまだシカが侵入していないが、ちょっとあやしい雰囲気が漂いはじめたところだ。岩手県の五葉山あたりから新しい生息地を探して飛びだしたらしいシカが、山麓まで進出してきているからだ。雪が深い地域だからと安心してはいられない。

東京都は世界遺産登録に先立って、小笠原諸島の4つの島からノヤギを完全に排除した。過去に食用として放された彼らが繁殖し、植物を食べ尽くし、土砂流出で大変なことになっていたのだ。「草食動物が、捕食者もなく繁殖を続けるとこうなってしまう」というよい（悪い？）見本だ。

さらに富士山は、自然遺産としての登録は果たせず、文化遺産として世界遺産になった。自然遺産に登録できなかったのは、表面的な報道ではゴミ問題とされているが、実際には森林伐採とシカ害のために周辺の森は荒廃し、生態系の回復が見込めないということらしい。

日本の代表的自然は、どこでもシカの影響を免れない。そして、シカはこれからもどんどん増え続ける。

生物多様性の「国家戦略」

日本にオオカミはいない。100年も前に絶滅してしまった。だから日本には、オオカミに関わる政策はない。

シカの増えすぎは、アメリカやヨーロッパの一部でも起きている。たとえば、オオカミが100年不在だったドイツの森だ。ドイツアルプスの山岳地域では現在、山が崩れているところもあるらしい。

アメリカだってヨーロッパだって、狩猟者はたくさんいるのだ。それにも関わらずシカの増えすぎは抑えられない。

人間の狩猟ですべての動物を適切な頭数に抑制する?

そんなことは幻想にすぎない。

1993年に発効された「生物多様性条約」は、地球規模での生物多様性を考え、その保全を目指すはじめての国際条約だ。そして締約国は、生物多様性の保全と持続可能な利用に関する国家的な計画書をつくることを義務づけられた。

日本の環境省は、「生物多様性国家戦略2012‐2020」〔4〕の中で、

〔4〕2013・9閣議決定した

生物多様性の４つの危機を次のように定義している。

第1の危機　開発や乱獲による種の減少・絶滅、生息・生育地の減少
第2の危機　里山などの手入れ不足による、自然環境の質の低下
第3の危機　外来種などの持ち込みによる生態系のかく乱
第4の危機　地球温暖化や海洋酸性化など、地球環境の変化

『第1の危機』とは、つまり、こういうことだ。

道路開通や居住地の拡大といった人間による開発行為によって、生物の生息地は狭められ、分断された。そのため動物たちは孤立して、個別攻撃されてきた。乱獲であったり、盗掘であったり、その結果貴重な動植物が減った。いまもそれが続いている――。

この見解に対しては、そのとおりとも思うが、ある面においては違うんじゃないかな、と疑問を抱いている。

山間の過疎化が新聞紙面を飾るようになったのは、７０年代からだ。それ以降は、山村から人が減る一方だった。野生動物の主な生息地である奥山は、狭まっているのではなく、集落の撤退で広がっているのだ。

環境省のいう『第1の危機』「開発・乱獲」によって起きたことの最たるものは、「頂点捕食者オオカミの絶滅」だ。

彼らを絶滅させたことが、そもそもの間違いだったのだ。オオカミ絶滅後約100年がたち、同じ『第1の危機』がシカの餌場を拡大している。森林伐採しかり、牧場開拓しかり、ゴルフ場開発しかり、スキー場開発しかり、だ。

林道を延ばすことだって、そうだ。その道路の法面には土壌固定のために牧草が蒔かれる。そして昔、乱獲して野生動物が減ってしまったために、保護区が設けられている。『第1の危機』がシカの増加の準備をした。『第2の危機』は、人間が撤退することで起きることだが、里山の放置だけがシカの生息地を増やす原因ではない。奥山でも好適環境が増え、減らす要因がなくなったから増えたのだ。

シカが増える要因はたくさんあるが、それを抑える要因は2つだけ。頂点捕食者オオカミと人間の狩猟だ。シカ自らがおだやかに減少し、安定することはないのだ。

オオカミはいなくなり、狩猟者は高齢化し、減少した。
そしていまの日本人にオオカミの代役はできない。

シカでお困り？
生物多様性の危機？
ぜひ、オオカミに
おまかせあれ！

おしえて
オオカミさん！

オオカミをめぐるQ&A
Part 4

Q19
オオカミと土佐犬などの闘犬は、どっちが強いの？

A

闘犬種はオオカミから、強い攻撃性を最大限に引き出されて誕生した人為的な生き物です。野生動物には存在し得ないほど、非常に強い闘志を滾らせています。オオカミ狩りのためにつくられた「ウルフハウンド」という犬種は、一対一でオオカミを倒すことができるほどです。野生種のオオカミは、警戒心が強く臆病で、ケガをすることをとても嫌います。そんなオオカミがリングに上がり、やる気満々のプロ闘犬とさしで向かい合えば。単純な身体能力でオオカミの方が勝っていたとしても、彼の方から「あ、オレ負けでいいっす～」と、戦意喪失してリングから降りてしまうのではないでしょうか？

Q20
山に登るとき、オオカミ避けの熊鈴のようなものは必要ですか？

A

いいえ、必要ありません。オオカミのほうが人間を見つけて避けてくれます。基本的にオオカミは、人間が活動している時間や場所を巧妙にすり抜けて活動しています。クマのように出会い頭にあわや！……ということもほとんどないでしょう。

Q21 それでも遭遇してしまったらどうしたらいいですか

A

遠くから、オオカミの姿を見かけることはあるかもしれません。

そのときは幸運に感謝して静かに見守り、その時間を楽しみましょう。

もし石を投げつけて追い払おうとしても、石を拾っている間に逃げてしまいます。万が一近寄ってくるようなら、手を叩いて音を出したり、腕を振り回したりするだけで十分です。

Q22

オオカミは
なぜ大食いなの??

A

オオカミの狩りの成功率は、決して高くありません。

そのため、エサが獲れなくて食べることができない期間が続くこともよくあります。成獣は2週間くらい何も食べなくても活動できる強さがあります。だから、食べられるときには腹いっぱい食べるのです。

また、子オオカミが巣穴で待っている時期には、食べ物をもって帰らなければなりません。

お腹に肉をつめ込んで運んできた大人は、鼻先を子どもに舐められると、胃の中の肉を吐き戻します。オオカミの子は、その肉を食べて育ちます。

Q23

オオカミはシカが獲れなかったら小さなネズミやウサギを食べるのではないですか？

A

オオカミはなんでも食べます。アメリカ中西部では、オオカミは主にオジロジカを食べていますが、大型のムースも食べるし、ビーバーやウサギも食べます。ロッキー山脈では、エルクやオジロジカ、バッファロー、ビーバーを食べています。昆虫や小さな哺乳類、ナッツやベリーなども食べます。

『ネバー・クライ・ウルフ』という小説＆映画ではネズミばかりを食べて生きているように描かれていますが、子育てで巣穴を離れられないようなときだけ。それだけでは十分なカロリーにならないので、ネズミやウサギのような小動物はおやつのようなものです。

Q24 ヨーロッパでオオカミがいない国はどこですか？

A

次のうちどの国でしょう。

①フランス
②イタリア
③ドイツ
④オランダ

どこもサッカーの強い国ですが、それは関係ありません。

答えは④。オランダにはオオカミはいません。

2013年に交通事故死しているオオカミが見つかりましたので、国境を越えてきたようです。オランダ国民もドイツやポーランドから移動してくるのを心待ちにしています。

Q25
オオカミがよい動物という童話はないの？

A

赤ずきんちゃんをはじめ、ヨーロッパの童話がオオカミを悪者にしたものばかりかというと、そうでもありません。グリム童話集にも「オオカミは神様がおつくりになったもの、ヤギは悪魔がつくったもの」という説話があります。この説話では、植物を荒らす悪魔がつくったヤギを、神様がおつくりになったオオカミが駆除するというストーリーになっています。

そのほかにも、『三匹のコブタのほんとうの話―A・ウルフ談』※という、オオカミの側からみたコブタ事件の真相を書いた童話もあります。

※ジョン・ジェシカ著／いくしまさちこ訳／岩波書店 1991

オオカミの絵本　編集部編

エゾオオカミ物語

作／絵・あべ 弘士
講談社　2008

北海道にいたエゾオオカミが、この世からいなくなったのは約100年ほど前のこと。

オオカミ

作／絵・エミリー・グラヴェット
訳・ゆづきかやこ
小峰書店　2007

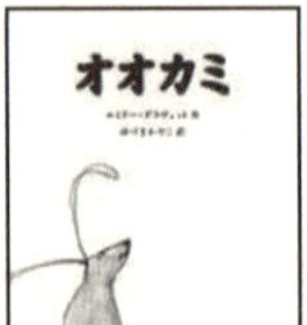

図書館で「オオカミについて」の本を借りたウサギ。オオカミの大好物がウサギだというページを読むころに、オオカミが目の前に！

３びきの かわいいオオカミ

作・ユージーン・トリビザス
絵・ヘレン・オクセンバリー
訳・こだまともこ
冨山房　１９９４

「わるいおおブタには気をつけるのよ」３びきのかわいいオオカミがおかあさんと一緒に暮らしていました。あるときおかあさんは……。

やっぱりおおかみ

作／絵・佐々木マキ
福音館書店　１９９７

ひとりぼっちのおおかみは、仲間を求めて、ぶたの町、うさぎの町、とさまよいますが、どこへ行っても仲間はいません……。

そなたの前に　オオカミが
姿を現そう
……
オオカミをそなたの兄弟とみなすがよい
なぜならオオカミは
森の秩序に通じているのだから

ルーマニアの葬送歌

第5章

オオカミは生態系の守り神

オオカミは「キーストーン種」だ！

生態系において、オオカミという存在を表現する言葉がいくつかある。
「オオカミはシカの天敵（natural enemy）である」
「オオカミは頂点捕食者（top-level predator）である」
「オオカミはキーストーン種（keystone species）である」
「オオカミはキーストーン捕食者（keystone predator）である」

中でも、「キーストーン種」という生態学用語は、いまの野生動物問題を考えるうえで、重要なキーワードだ。

天敵とは、特定の生物を殺し繁殖を抑える捕食者、寄生者のことをいう。食われる側からすれば天敵は複数ある。食う側としては、メインの食事メニューとして、対象の動物を常に狙って捕食してはじめて、天敵となり得る。たまたま出くわしたから食べたよ、という程度では天敵ではない。

オオカミが滅びたいま、日本ではシカの天敵は存在しない。

では、クマはどうだろうか。

北海道では、ヒグマがエゾシカを捕食することもあるとも聞く。だが、彼（あるいは彼女）は植物の葉や根、果実や木の実、昆虫・魚も食べる雑食性で、シカを定番のメニューとはしていない。目の前で転んだうっかり者や、ケガや病気で行き倒れた者があれば、喜んでいただくだろう。だが、それはあくまでも「機会捕食者」でしかない。本州以南のツキノワグマでは、さらに肉食の割合が小さい。しかもクマは、シカを一番捕獲しやすい季節には冬眠してしまう。オオカミならば冬眠することなく、1年中シカを追いかけて捕食する。

つまり、オオカミこそが間違いなく、シカの「天敵」なのだ。

さて。オオカミが身近にいることを想像する場合に、オオカミをよく知らないひとの心に、すぐに浮かんでくる危惧がある。

「オオカミがシカを食べてくれることはいいけれど。シカが減ってオオカミが増え続けたらどうなるんですか？」

心配ご無用。頂点捕食者オオカミには、自分たちの頭数を調節するシステムが、自ずから備わっているのだ。シカやイノシシなどの獲物が減ればオオカミも自然と減るのである。

その理由として、次のように考えられる。

オオカミのナワバリ意識は強固で、隣接するパックは基本的に互いのナワバリを侵さない。ナワバリの間には緩衝地帯があり、オオカミ全体の居住地域の4割程度を占める。無駄な闘争を避けるための知恵だ。だがシカが減少すれば、獲物を求めて歩き回り、緩衝地帯を越えてほかのナワバリを侵すことになる。オオカミは命懸けで戦い、結果、死亡率が高くなる。

また。大人のオオカミは2週間食べ物がなくても耐えることができるが、成長途上の子どもはそうはいかない。飢餓によってまず子どもが死ぬことになり、次世代が減ってパックの頭数が減る。大人のオオカミにしても、飢えて弱ってくると病気にかかりやすくなり、さらに頭数は減る。

こうしてオオカミが減れば、シカは捕食される危険が少なくなるので、当然増えはじめる。シカが増えれば、捕食機会も増えるため、オオカミの健康状態も回復し、子オオカミの成長の確率も高くなり、今度はオオカミの個体数が回復する。

こうして、獲物のシカが減ればオオカミは減り、シカが増えればオオカミも増える……というサイクルが繰り返されることになる。

シカなど有蹄類の草食獣は、抑えるものがなければ、自然界に壊滅的な影響を与えて、自らを危機に追い込んでいく。だから捕食者によるコントロールが必要なのである。それが、いまの日本の山や森の偽らざる現状だ。

オオカミは「キーストーン種」ともいわれる。説明すると「比較的少数なのに、取り除くと生態系全体のバランスと景観にまで連鎖的に大きな影響を与える種」のことだ。その中で、捕食行動を通じて生態系に影響を与えるキーストーン種を特に「キーストーン捕食者」という。生態学や種の多様性の保全を考えるうえで欠かせない概念だ。

キーストーンとは、石組みのアーチを安定させるため、その頂点にはめ込むくさび形の石のこと。これがないとアーチは崩壊してしまう。転じて生態学用語として使われるようになったのは、１９６９

年、当時ワシントン大学の助手だったロバート・トリート・ペイン博士〔1〕が、海岸にあるプール内で、ヒトデがウニの数を調節していることを発見。そしてヒトデを「キーストーン種」と提唱したことからはじまる。

オオカミが自然や生態系に重要な役割を担うキーストーン捕食者であることは、彼らを再導入したイエローストーン国立公園で証明された。再導入から5年もたたないうちに、増えすぎたエルクによってぼろぼろになっていた生態系に変化が現れたのだ。川岸のヤナギや潅木、ポプラなどの食害が減ったことで植生がよみがえり、オオカミに駆逐されてコヨーテが減少。ビーバーが川に復活し、魚や昆虫・小動物、そして水鳥もビーバーのダムに戻ってくるようになった。連鎖的にすべてが回復をはじめたのだ。復活から15年以上たって、オオカミがエルクに及ぼした効果の詳細も明らかになった。捕食だけでなく、エルクがオオカミを怖れて移動したり、ストレスで妊娠率が下がったりというリスク効果も指摘されている。

〔1〕Robert Treat Paine 1933～　米国出身の生物学者。

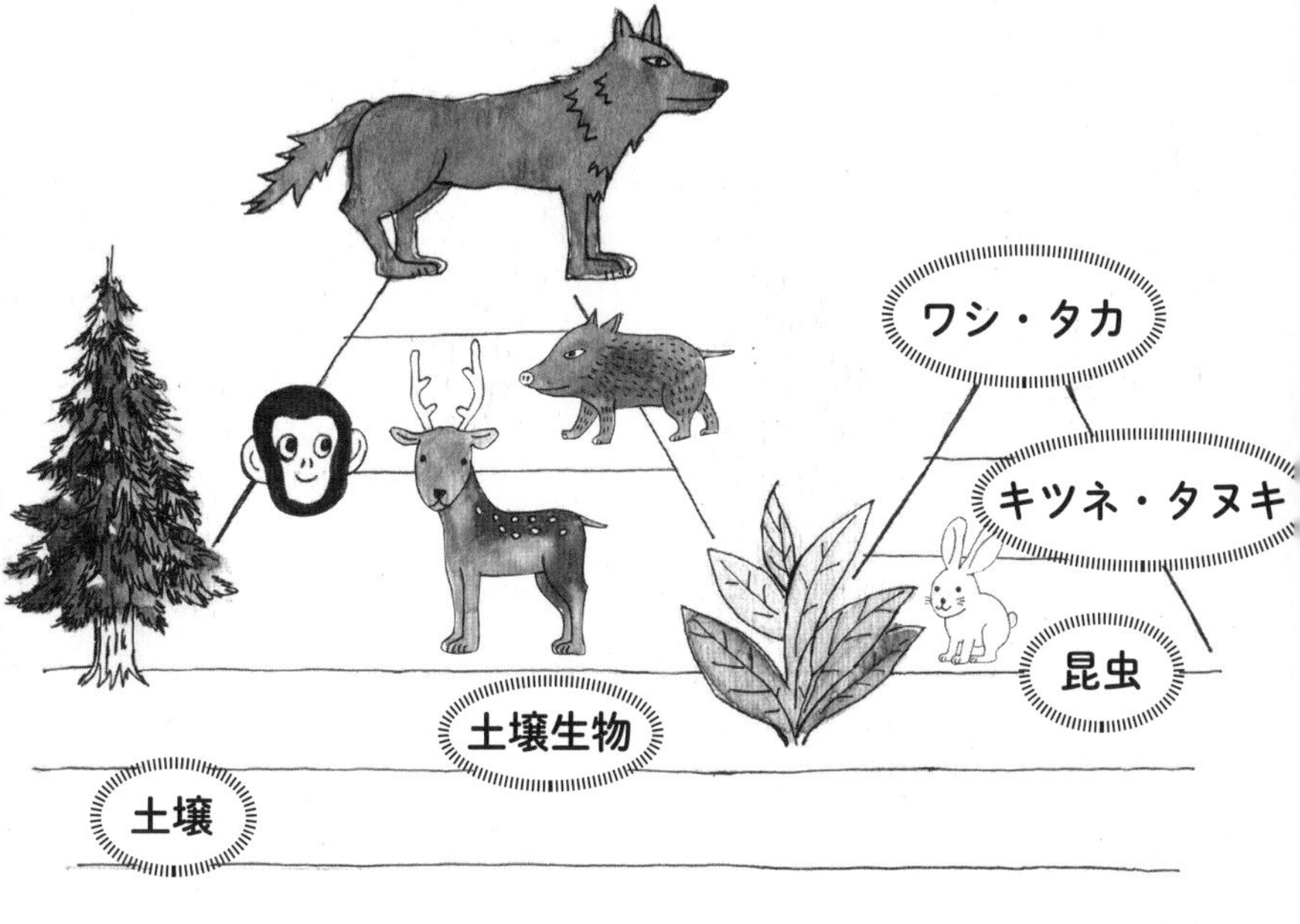
ワシ・タカ
キツネ・タヌキ
昆虫
土壌生物
土壌

オオカミはパーフェクトなハンターではない

生態系の中でのオオカミの存在、役割を改めて考えてみると、オオカミはハンターとしては、パーフェクトではない。

オオカミは獲物を取り逃がすことも多い。それでも持久力が抜群に優れていて、獲物を一生懸命走って追いかけている。

オオカミのキーストーン捕食者としての優秀さは、頂点捕食者としてのポジションだけでなく、優れた力、劣った力、全部をひっくるめた総合力にあるのではないか。

オオカミはイヌよりはるかにバランスの取れた優秀なハンターだが、ネコ科のトラやライオンのような圧倒的な力を備えているわけではない。肉食獣としての能力はダントツには高くないのだ。その能力不足を補うために、持久力を生かしてひたすら追い続けるという狩りの作法を選択した。獲物を走らせて、よく観察して、集団で追いかけ、弱い個体を見つけだす賢さもある。その知恵が、広いナワバリの維持を可能にもした。

イエローストーンでの再導入が、同じ頂点捕食者の、たとえば北米のネコ科の王者ピューマの再導入だったらと仮定してみよう。アメリカ大陸全体の生態系の中では、オオカミは草原、ピューマは山岳地帯と住み分けがあり、両者とも重要な存在ではある。

だが、公園の植生はいまあるように、迅速な回復をしなかっただろう。ネコ科のナワバリは狭い。その中で獲物を待ち伏せする狩りでは、イエローストーンという生態系への影響は望めないからだ。

オオカミのキーストーン捕食者としての力の源泉は、強いアゴではなく、獲物を捕まえるカギ爪でもない。獲物を追ってどこまでも走り続けられる持久力と、パックの集団行動なのだ。能力は抜群ではないけれども一生懸命なマネジャーが、走り回ることで部下を活性化させるようなものだ。

オオカミは森のマネジャーとして、最適だ。

オオカミ復活で、カモシカも喜ぶ？

オオカミは、獰猛な肉食獣で、ほかの動物を支配し、一方的に獲物としてその肉をむさぼる、と思われている。だからモンスターのような動物に表現されるが、オオカミも生態系の一員なのだ。食べるオオカミと食べられる獲物、オオカミが倒した獲物を利用する掃除屋（スカベンジャー）、分解する小さな動物たち。それぞれの役割があり、生態系の機能を受けもっている。関わりのあるどんな動物とも相互利益の関係にあるはずだ。

日本に野生の大型草食獣は、シカとカモシカの2種類しかいない。大型といっても世界中のシカ類などを見渡せば、中型、あるいは小型ということになるが、日本ではこれより大きい草食獣はいないから、大型ということにしておく。

カモシカは、特別天然記念物で、ひと昔前には高山へ行ってもめったに見られる動物ではなかった。岩山に佇立する姿を写真で見るくらいがよいところだったのだ。それがいま、山を下ってきて、標高のさして高くないところにも現れるようになった。カモシカは増えているのだろうか、それとも高山にはエサが少なくなったのだろうか。
シカはカモシカより標高の低いところに住んでいたが、いまは生息地を広げて高山に進出し、カモシカがナワバリにしている場所にも入り込むようになった。食べるものといえば植物なら何でもありで、カモシカの分まで全部独占してしまう。カモシカはシカに追われて下界に降りてきたのだろう。

カモシカは定着性が強く、主に母と子の数頭でナワバリをもって行動する。雄で15ヘクタール、雌で10ヘクタールくらいの面積を、同性のカモシカに対しては防衛しているらしい。ほかの動物にも攻撃をしかけているところが目撃されているから、侵入者への態度は同種も異種も変わりないのかもしれない。人間に対してもにらみつけて威嚇する。ツキノワグマでさえも、追い払われるようだ。イヌとは仲が悪く、遭遇すると頭を下げて突っかかっていく。両者のバトルに関する記事が、新聞を騒がせることも時折ある。

カモシカと猟犬白昼にらみ合い　天竜の阿蔵川（静岡新聞）

カモシカと猟犬が、天竜市二俣町の阿蔵川で格闘を繰り広げた。住宅街の白昼バトルは小1時間続き、痛み分けに終わった。体長90センチほどのカモシカは近くの山を下りてきたらしい。イノシシを狙っていたハンターの猟犬2匹が追いつき、川の中で闘いがはじまった。カモシカは右後ろ足を負傷していたが、1匹の猟犬の腹部を角で突いて撃退。もう1匹とにらみ合いになった。

最初にカモシカを見つけた二俣小のK君（五年生）は「お互いに血が出てかわいそうだったけど、闘いの迫力にびっくりした」と興奮気味。駆けつけた県や市の職員、天竜署員、ハンターらは猟犬を引き離したうえで、カモシカを捕獲した。ロープで手足を縛られたカモシカは、突然の水入りに〝不満げ〟な表情。ハンターらの軽トラックの荷台に乗り、渋々、山に帰っていった。

このニュースは、カモシカが決しておとなしい動物ではないことを示している。ところがシカには敵わない。カモシカはナワバリにシカが入り込むことを嫌がる。だがシカは多数で行動し、無神経にどんどんカモシカのナワバリに侵入してしまう。シカの方が、やや体が大きいこともあって、カモシカがいくら追い払おうとしても、数と力の根競べに負けて、ナワバリを放棄することになり、里に下りてくるのだ。そのため、高山にカモシカ山麓にシカ、という草食獣の分布が崩れて逆転してしまった。

これはなぜだろうか。こんなことはいままでなかったはずだ。

その答えは、オオカミがいるかいないか、ということにある。カモシカはイヌに追いつめられると、崖を背に頭を下げ、突進してくるという。イヌへの反撃は、オオカミとの闘いの記憶なのかもしれない。かつてカモシカは、捕食者オオカミに対抗するために高山の岩場をすみかとして、崖を背にしてオオカミを撃退してきたのだ。

一方シカのオオカミ対抗戦略は、平地を走って逃げる足と、毎年確実に子孫を殖やす繁殖力だ。シカの角は、オオカミを撃退するためにはほとんど使われない。オオカミがいることで、両者は住み分けることができていたのだろう。

長野県はカモシカを県のシンボルとしている。県民はカモシカに愛着をもっている。そのため、オオカミの再導入と聞くと「カモシカが食べられて減る」と心配する。

八ヶ岳の山小屋のひとたちも

「カモシカはぼーっとしているから、心配だ」

「だってひとを見ても逃げないんですよ」

と口々にいう。でも、カモシカはそんなに弱い動物ではない。

逃げないのは、オオカミも撃退してきた動物だから、反撃する自信があるからかもしれない。ボーっとしているのではなく、人間を観察しているのかもしれない。心配なのは、シカとの神経戦に弱いことのほうだ。

屋久島はサルとシカの楽園？

中山間地域では、シカやイノシシに加えて、サルの害もひどくなっている。特に山村では、野菜をつくっているおじいさんおばあさんが困っている。網で畑を囲っても、1匹が網を上げ、もう1匹がその隙間から入る、ビニールの扉も同じように開けて入る。ハウスのカンヌキも開ける。畑では、おばあさんが見回りにいくと、サルが両手にかぼちゃを抱えて走って逃げる。電気柵を設置しても、穴を掘って下から入る。野菜を保存する小屋の中にも侵入して、農作物をすべて運びだす。

シイタケなどの林産物の生産に取り組んできた農家も困っている。シイタケの原木栽培をしている畑に入り込んで、生えはじめた収穫直前のシイタケをこそぎ落として遊ぶ奴もいるらしい。

人間を舐めきったサルになると、家に入り仏壇に座り込んでお供え物を食べる、畑の所有者を威嚇する、まったくお手上げである。

それに対して、人間の対抗策は、花火やゴム弾、モンキードッグによる追い払い、それに屋根までつけた柵で畑を囲うなどに限られていて、大変な労力の割にたいして効果がない。

屋久島は世界自然遺産に登録され、原生の自然として人気が高いが、一部の地域ではシカもサルも極限まで増えている。

世界遺産の島を訪れたひとたちが撮影した動画が、インターネットのサイトに多数投稿されている。西部林道で撮影されたという映像を見て僕は目を疑った。

そこには野生の王国があった。西部林道は狭いが舗装された道路である。ほとんど車も通らないため、僕がはじめて屋久島を訪れた10数年前にもサルが群れでいると聞いていた。それがいまではどんどん増えているらしい。

林道で車から撮影されているその映像には道路上でくつろぎ、のんびりと過ごしているサルが写っていた。

ヤクシカがかたわらで草をはみ、サルはシカの背に乗って戯れ遊ぶ姿があった。エサの植物をサルとシカが仲よく分け合って食べている。

別の登山道ではシカがひとを恐れもせず、エサをねだっている。早朝の登山道では、ひとを先導するようにシカがトロッコ道を歩く。

もともと屋久島には捕食者はいなかったので、人間が住まない西部は、シカもサルも死の恐怖を感じないで生きられる。まるで地上の楽園だ。

はて、ここは本当に楽園だろうか？

その裏で何が起きているかを示す映像もあった。サルがシカの背に乗って遊んでいる（ようにみえる）裏の林の中では、サルが樹上から落とした枝をサルとシカが奪い合う光景があった。シカがサルに迫るとサルは怒り、枝を振り回した。林床には緑はなく、いわゆるディアラインがくっきりとついている。登山道のシカは、追い払っても追い払っても執拗に人についって歩いていた。ほかにエサを得る手段が見つからないようだった。

これは楽園ではない。屋久島の狭い平地にシカとサルが押し込められたため食べられるものは食べ尽くしてしまった。そして双方とも途方に暮れているということではないだろうか。

この事態の原因は、シカが増えはじめたことである。シカの増加を抑えていた職業猟師がいなくなったため、局所的にではあるが、口が届く範囲の植物がなくなり、シカは近くにいたサルに依存するようになった。木の上からサルが落とすものを狙いはじめたのだ。ほかの地域のどこでも起きることではないが、絶対に起きないことでもない。

このような場面でオオカミがいるとどうなるかを想像してみる。

シカについては、推測を助けてくれるいろいろな材料がすでにある。捕食されることでシカの生息密度は下がり、オオカミの存在自体に脅威を感じて、できるだけオオカミが来ない場所にいようとする。それはオオカミのナワバリの狭間にできる緩衝地帯である。オオカミは獲物の密度が薄くなれば、より多い獲物を求めてナワバリを変化させるから、シカは、常にオオカミによって移動していなければならない。

一方サルはどうだろう。サルは樹上生活をしていると考えがちだが、捕食者がいない場面では、楽な地上生活を選んでいることが多いらしい。畑を荒らしているのも地上生活のうちだ。地上にいるサルをモンキードッグが追うところを検証すると、敏捷な雄や子どもを連れていない身軽な雌は、イヌが現れると即座に樹上に逃げるが、子連れの母ザルは、子どもを抱えて木に登ることができず、平地を走って逃げる。

オオカミの登場で、母子ザルの一部は捕食されるだろう。のんびり地上でエサを探すわけにはいかなくなる。樹上生活の時間は長くなるに違いない。ストレスは増して繁殖率は落ちる。

また、森の中だけでなく、畑周辺に現れるサルは地上に降りて活動しているから、オオカミのナワバリがその周辺とすれば、サルもそうそう畑荒らしには出てこられないはずだ。

そして地上の楽園は解散し、ふたつの種は引き離される。シカはオオカミのナワバリの緩衝地帯を求めてヨコに移動し、サルは地上の危険を避けて樹上にタテの移動をすることになり、林床の植物は息をつくことができる。

イノシシはオオカミと共生する

日本では、雪の多い東北には地続きにも関わらず、イノシシは生息していない。〔2〕でも、もっと寒さが厳しく雪が多いところでも、イノシシが生息している地域はある。たとえばポーランドや内モンゴルの大興安嶺だ。大興安嶺という名前で故神崎伸夫〔3〕さんのことを思いだした。

彼はイノシシの研究者だった。大興安嶺でのオオカミの糞探し調査行で、たまたまイノシシの糞を見つけ、その周辺にイノシシがいることがわかったとき、彼はそのイノシシの糞を手にもって、破顔して大喜びしていた。考えていたことの手がかりをつかんだ嬉しさが爆発したようだった。イノシシの研究者は日本にもそれほど多くいるわけではない。研究フィールドは山の中で、対象となる動物は地味でしかも危険。調査は汚い、きつい、ときているから志望する学生もきわめて少ない、らしい。

あるとき、神崎さんの研究フィールドだった島根県浜田市の山中の調査におつき合いしたことがある。神崎さんの指導で博士論文の執筆中だった若手研究者も、そこでイノシシを追いかけていた。フランスからの派遣研

〔2〕暖冬傾向のため積雪が減り、昨今、イノシシは北上をはじめている。

〔3〕当時、東京農工大学助教授

究員もいてテレメトリー（発信機）を使ってイノシシの調査をしていた。六甲山でイノシシを追いかけている研究者が後から加わってきた。学生たちも多く参加し、楽しい調査になった。みんな集まっての夕食の席上、神崎さんが言ったものだ。

「ここに日本のイノシシ研究者の半分集まっちゃったんですよ」

「そうだ！」

と誰かが合いの手を入れた。

その場にいた研究者は3人、それが半分だというのだ。誰と誰と、とみんなで指を折って数えた。本当に半分だった。

その少ない研究者の中で、神崎さんはイノシシと捕食者オオカミの関係をテーマとする、国内で唯一の、そして世界的にも著名な存在だった。

神崎さんは、イノシシはオオカミの獲物のひとつではあるが、オオカミと共生している動物でもある、と考えていた。

歴史をさかのぼれば、イノシシが東北地方にいた記録が残っている。八戸では江戸時代「猪飢饉（いのししけがづ）」と呼ばれた飢饉が起きた。寛延2年（1749年）は冷害による凶作と、異常に増えたイノシシやシカが田畑を荒らしたため、餓死者が数千にのぼった。八戸藩には「イノシシ、シカの数は万をもって数うべく…」と報告された。

寒冷地でもイノシシはいたのだ。雪が多いのにどうやってたくさんのイノシシが東北地方に生息できるのか。それが神崎さんの疑問だった。

神崎さんがある時期、1年間の研究生活を送ったポーランドにも、イノシシがいた。調査地のビエスチャディはポーランドの最南端とはいえ、緯度にすれば樺太くらい北の地域だ。冬は大地も凍りつく。イノシシのエサは土の中だが、食べ物もない中でどうやって冬を越すのだろうか。

ポーランドへ行く前は、神崎さんもイノシシをオオカミの獲物としか見ていなかったのだが、現地で調査をするうちに、冬、イノシシがオオカミの食べ残しを食べていることに気がついた。イノシシはオオカミの掃除屋（スカベンジャー）でもあったのだ。

いくつもの地域で、その裏づけがほしいと考えているところに、大興安嶺でイノシシの痕跡が見つかった。神崎さんがその夜、酒の席ではしゃいでいたのを憶えている。


ではなぜ、オオカミがいるのに八戸ではイノシシはこんなに増えたのか。

オオカミがいれば減るはずではないのか。その答えを聞く前に神崎さんは亡くなってしまったが、神崎さんがここまで開拓してくれれば、僕にも推測ができる。

その答えは、人間社会との関係、経済との関係にある。

江戸時代、東北諸藩では馬の生産が盛んだった。特に南部藩はよい南部馬を生産するので有名だった。需要が多く藩財政に貢献したため、藩をあげて量産を図っていた。馬を放牧するのは、いまの青森との県境の八戸近くの原野である。守り番も少なく、当然オオカミの害が出る。そこで藩としてオオカミ狩りを行ない、懸賞金もつけていた。狼取清十郎という狼猟師までいた。南部藩の支藩の八戸藩にも津軽藩にも、オオカミ被害とオオカミ狩りの記録があるという。東北三県は広いとはいえ、オオカミのナワバリ面積から考えれば、何百頭、何パックも生息できるほどでもない。1パックで10頭もいれば十分だから、その頭数を駆除すればその周辺にオオカミはいなくなる。

猪飢饉に先立つ数年前、八戸藩は江戸や大阪への輸出のため、山麓、原野を焼畑にして味噌原料の大豆の増産を図った。それが失敗したのか、休耕地となってワラビやクズなどが繁茂し、イノシシがそれを食べて増加したという。オオカミは狩りで減っている。そこにヤマセの冷害が来た。イノシシはエサが足りなくなり田畑を襲って、人間の大飢饉が起きた、ということのようだ。なんだかいまの畑の様子とよく似ていそうだ。

オオカミとイノシシの関係については、その当時のひとたちも知っていた。

延享4年（1747年）6月、八戸藩軽米付近（青森と岩手の北の県境あたり）にオオカミが出て、イノシシが1頭も見えなくなったという記録も残っている。

イノシシの専門家である神崎伸夫さんは、八戸の猪飢饉とポーランド、内モンゴル等のイノシシの調査を関連づけ、こういう結論を出した。

「イノシシは、オオカミがいたから雪国まで分布を広げることができた」

それに僕がつけ加えるとすれば、こうだ。

「イノシシのいるところ、オオカミがいなければ収まらない」

カラスがオオカミの尻をつつく

北アメリカの北方先住民族の伝承には、カラスが多く登場するという。もっとも大型のカラス、ワタリガラスだ。

カナダ西海岸にあるハイダ・グワイ（元クイーン・シャーロット島）を旅行したことがあるが、ハイダ族のトーテムの頂点はワタリガラスだった。

ワタリガラスははるか高みから下界を見下ろし、なんでも知っている鳥として、先住民には畏敬されているらしい。ハイダ族のアーチストが制作した現代アートのモチーフのひとつには、ワタリガラスがある。狩猟民族だった彼らを導くものとして神格化されているのだ。

そして。ワタリガラスとオオカミには深い関係がある。

先住民やオオカミ研究者の観察によると、オオカミの群れには必ずワタリガラスが、上空をついて回っている。そして獲物を見つけると大声でわめいてオオカミを呼び、逆にオオカミの声を聞いてワタリガラスが集まるともいう。それほど、オオカミと密着して生活している鳥なのだ。

カラスの仲間でも、ワタリガラスはスカベンジャーとしての性格が特に際立っているらしい。ツンドラを含め、ワタリガラスの行動域はオオカミと並ぶほどに広く、オオカミが狩りに出かければ、おこぼれを期待してその後をついていく。

オオカミの研究の第一人者、デイビッド・ミッチ博士〔3〕は、オオカミの群れの後をつけてきたワタリガラスが、休憩中のオオカミをせっついて、狩に出かけるように促したのを目撃した。彼の著者『オオカミ—習性、生態、及び保護』によると、それはこんな情景だ。

〔3〕
L.David Mech
生物学者。『The Wolf :The Ecology and Behavior of an Endangered Species』

ワタリガラスがオオカミの頭や尾を目がけて急降下する。オオカミは首をヒョイと縮めたり、跳びのいたりする。

ワタリガラスは、休んでいるオオカミを追いかけて頭上をかすめるように飛び、中の1羽などは、オオカミの尾を嘴で引っぱりさえもした。

オオカミが怒って噛みつこうとすると、すばやく跳びのく。オオカミが追いかけると、近づくのを待ってぱっと飛び立ち、からかうように少し離れたところまで舞い下りる。そしてまたひとしきりいたずらを繰り返す。

ミッチ博士は「オオカミとワタリガラスは共存共栄の関係を結んでいる」

しい。

と続ける。博士には、ワタリガラスが「休憩していないで、早く狩に行けよ！こっちは待ってるんだから」とオオカミに催促しているように見えたら

日本にもワタリガラスがいて、昔は普通に北海道に生息していた。アメリカ大陸の先住民と同じように、我が国のアイヌ民族の伝承にはワタリガラスが登場する。しかし現在では、ワタリガラスは北海道から後退し、その後釜にハシブトガラスが北海道に広がるようになった。

ワタリガラスは北半球の北部で、ハシブトガラスはインドから、東南アジア、日本、サハリン、沿海州まで広く分布しているという。この2種のカラスの分布を足すと、オオカミがかつて分布していた地域とぴったり重なる。いずれのカラスも、オオカミについて歩き、オオカミが倒した獲物の残骸を処理しながら生きてきたのだろう。

だが、オオカミがいなくなってしまった森には、カラスの食べられる肉は少なくなってしまった。そこでワタリガラスは北方に退き、ハシブトガラスは都会に出てきた。ハシブトガラスは、街で人間の食べ残しを始末する、擬似的なスカベンジャーをやっているのかもしれない。

狩りに
いってこい!!

クマはオオカミの尻を叩く

クマもオオカミのいるところではスカベンジャーになる。カラスやイノシシに比べて、ちょっと乱暴すぎるスカベンジャーだ。基本的に雑食で、積極的にシカは獲らないようだが、落ちているシカの死体は利用する。そしてオオカミがいればその獲物を横取りする。

アメリカのイエローストーン国立公園のオオカミ復活は、オオカミとクマの関係についても、新しい知見を提供してくれることになった。

公園内には8の字の周回道路が走り、観光客はそこを走り回りながら動物を探す。道路脇にいる動物は、バッファローやエルクなどで、グリズリーやらオオカミやら珍しい動物を見たいと思えば、双眼鏡片手に自分で探さなければならない。

イエローストーンには、言い習わされている奥の手がある。それは、「野生動物を見たかったらまずカラスを探せ！」ということだ。だがそれは、熟練したベテランにしかできない技だから、そう簡単にはいかない。次の手段は「ほかの車が停まっているところを探せ！」だ。

イエローストーンでは、車を停めていると、必ず誰かがにこやかに寄ってくる。「何かいますか?」。みんなそうしているのだ。朝からいろいろな国の人たちと友好が楽しめるし、一番効率的なのだ。

日本オオカミ協会の丸山直樹会長〔4〕が、オオカミとクマとの興味深いシーンを目撃したときも、そうだったという。まだ暗いうちに起床して車を走らせていた。夜が明けるころに、多数の車が停まっているところがあった。場所は草原を川が横切っている地点で、この付近にはオオカミの1パックが営巣していることがわかっていた。車を停め、人々が見ている方向を眺めると、川の畔で黒い固まりが動いていた。アメリカクロクマが何かを食べている。その周りには数頭のオオカミがうろうろしている。どうやらクマがオオカミの獲物のエルクを横取りしたらしい。オオカミはなんとか取り返そうとちょっかいを出すが、クマに威嚇されてすごすごと引き下がるしかない。そうこうしているうちに、あらぬ方角から別の色のクマが現れた。グリズリーだ。ひと回り身体の大きなグリズリーが登場したことで、アメリカクロクマは、引き下がることにしたようだ。グリズリーがエルクの固まりにかぶりつく。オオカミはもう、手も足も出なかった。

〔4〕1943〜　東京農工大学名誉教授

『オオカミが日本を救う!――生態系での役割と復活の必要性』白水社/2014

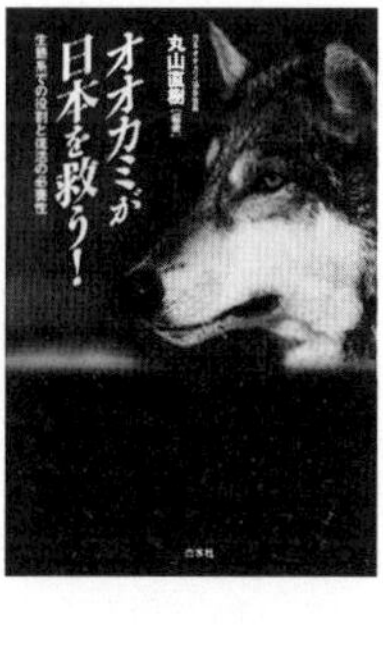

この2種は成獣ともなればオオカミよりもサイズが大きく、強奪的なスカベンジャーともいえる。もちろん、オオカミはエサを奪われるだけではない。子どもを連れたグリズリーにオオカミが襲いかかることもある。冬眠中のアメリカクロクマの巣穴に入って子熊を食べた証拠も見つかっている。一方でクマのエサを増やし、一方でクマの頭数を減らす。

これがバランスの取れた生態系だ。

日本にもしオオカミがいるならば。北海道のヒグマはグリズリーと同種なので力でエサを奪い取るだろう。本州のツキノワグマではどうか。オオカミから強奪することができるのか、それとも食べ残しを漁るのか。そのどちらにせよ、エサのバリエーションは増えることになる。

オオカミとの関係で考える場合、生態系においてクマの役割は何だろう。イノシシはどちらかというと後片づけ役だ。カラスが「休んでないで、もう行こうぜ」という役割なら、クマは獲物を取りあげて、「もう1回働いて来い」と尻を叩く役目だ。

オオカミは彼らのために働いている。

働いてこい!

おしえて
オオカミさん!

オオカミをめぐるQ&A
Part 5

Q26
オオカミの足はどのくらい大きいの？

A

足のサイズは年齢や身体の大きさ次第ですが、おおよそ縦13センチ、幅10センチくらいになります。イヌだとひと回り小さく、グレートデンやセントバーナード、ブラッドハウンドのような大型のは長さ12センチくらい、横幅もそんなにありません。

オオカミの足は、さまざまな地域での長距離の移動や、雪の上の移動に向くように大きくなっています。また四角くて長い形と柔軟なつま先は、でこぼこの地面にぴったり。移動するときにはこの足で地面を蹴って、何キロも長い距離を走り続けることができます。

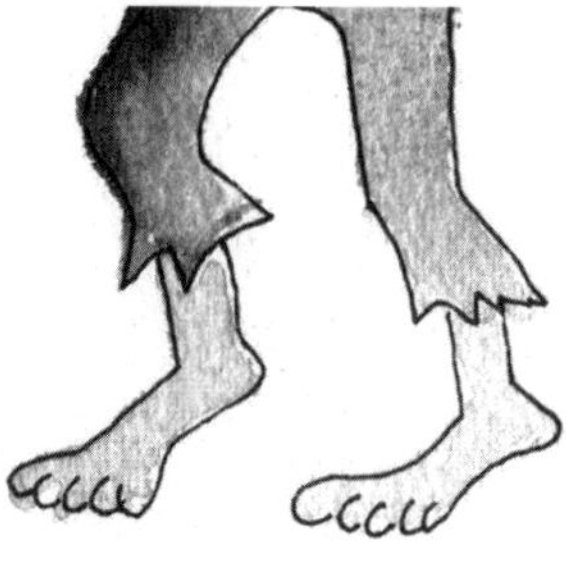

Q27 オオカミはどうして遠吠えをするの？

A

コミュニケーションのひとつで、ほかのメンバーの位置を知る合図だったり、狩に出かけたり、帰ってきたときの掛け声だと推測されています。お隣のパックへの警告で近づきすぎないようにしているという説もあります。単に吠えるのが好きだからという説も有力です。人間の合唱好きと同じです。遠吠えをしているオオカミは恍惚の表情で、目は逝っちゃってます。

Q28

送りオオカミって なに？

A

オオカミは家族でナワバリをつくります。その中に入ってきた動物（人間も含めて）が何者であるのか確認しようとして後をつけてくるのではないでしょうか。奈良県居住の古老や猟師が語った、絶滅前のオオカミに関する聞き書きでは

「山道で出会ったオオカミのうちの何頭かは、人間についてくるが、村に着いたりするといつの間にかどこかに行ってしまう。手を出さない限り危害を加えられることはない」

と記しています。

「送り狼」という語は、このような好奇心旺盛なオオカミの行動が起源になっているのかもしれません。

Q29

オオカミの家族はどんな家族ですか？

A

次のどれが正解でしょう。

①オオカミの家族は人間の家族と似ています
②オオカミの家族構成にルールはありません。それぞれが勝手に生きています
③オオカミは単独行動の動物です。家族との生活はありません
④すべてのオオカミの家族には強い上下関係があります。家族のメンバーはみんなその地位を得るために戦っています

正解は①
オオカミの家族は、両親と生まれてから2〜3年の子どもまでが一緒に暮らしています。両親は家族のリーダーで、年上の子どもはベビーシッターをしたり、両親の狩に参加したりします。飼育されているオオカミには上下関係が発生しますが、野生下では、子どもは独立の旅に出て、自分の家族をつくろうとします。

Q30
オオカミが生きることができる場所はどこ？

A

ハイイロオオカミが生きることができるのは、原生林のような大自然しかないと勘違いされていますが、オオカミの生息地はもっと多様です。北米大陸では西海岸から東海岸まで、森でもプレーリーでも山でも湿地でも、ミネソタの森林と農地の入り混じったところでも生きています。人間の居住地の近くでも十分なエサがあり、人間がその存在を許容すればどこでも生きられます。

Q31
オオカミが生きていくためにはどのくらいの広さが必要ですか？

A

次のどれが正解でしょう。

①家族が1頭増えるごとに必要な面積が1．5倍に広がっていく
②面積は問題ではない。湖と川が近くにあればよい
③面積ではなく、その地方の気候が湿潤で雨が多いことが重要だ
④必要な面積は、家族の頭数と獲物の数に影響される

正解は④

オオカミの物語　編集部編

白い牙

著・ジャック・ロンドン
訳・白石佑光
新潮社　1958

オオカミの血を引くホワイト・ファングは、孤独で過酷な運命に翻弄されながらもたくましく生き抜いてゆく。北アメリカの原野を舞台に描く動物文学の傑作。

牙王物語

著・戸川幸夫
国土社　2011

ヨーロッパオオカミと猟犬との間に生まれたキバは、ある日瀕死の重傷を負い牧場の娘早苗に助けられ…。同じ作者の映画化された『オーロラの下で』もおすすめ。

最後のニホンオオカミ

那須正幹の動物ものがたり

著・那須正幹
協力・今泉忠明
くもん出版　2003

額に大きな傷痕のある雄のニホンオオカミ、三日月。三びきの子が生まれたが、外敵や人間のまいた毒餌により命が絶えていく…。

ジャングル・ブック

オオカミ少年モウグリの物語

著・ジョセフ・ラドヤード・キップリング
訳・金原瑞人
偕成社　1990

オオカミに育てられた少年モウグリ。クマや黒ヒョウに助けられ、ジャングルの掟を学びながら成長していく。

第6章

オオカミよ、日本の森に還れ！

万物は土に還る

「風が吹けば桶屋が儲かる」ということわざがある。あることが原因となって、その影響がめぐりめぐって意外なところに及ぶことのたとえだ。まず大風が吹くというマイナスの事件が起きるが、最後は桶屋が儲かってプラスで終わる。その論証がとっぴで意外なため、こじつけという意味で使われることもある。

食物連鎖と桶屋の話は、こじつけではないが、その連鎖の一部が欠けたときに、思いもかけないところに影響がでることがあるので、ちょっと似ているところがあるかもしれない。

食物連鎖では、一般的に思い浮かべるのは、植物を食べることからはじまる生食連鎖だ。

植物が太陽の光を浴びて生長し、それを小型の草食獣が消費する。ウサギやリスのような動物、果実食の鳥もそうだ。その小動物を捕食する肉食獣がいる。キツネやイタチ、テン、オコジョなどだ。それより上位はたとえばワシやタカ、フクロウなどの猛禽類や、日本ではいまは不在のオオカミがくる。下位のものほど小さくて個体数が多く、上位のものほど個体数が少ないピラミッド型となる。これが生態ピラミッドだ。

が、実際は「食べる・食べられる」関係はもっと複雑で、連鎖の段階も網目状に入り組んでいる。だから最近では、「食物連鎖」よりも「食物網」という概念が重視されつつある。

生態系は、みんながうまくいっているときにはからくりが見えない。すべてが適度に、美しく収まっている。だから、何事も起きていないように見えるのだ。からくりが見えてくるのは何か事件が起きたとき、というのはどこの世界でも同じだ。

オオカミがいなくなったことは、植物の減少、生物多様性の減少というところに現れた。まずシカが増えはじめ、植物がシカに食べられて減りはじめた。次にその植物を食べる昆虫や小動物や鳥がいなくなった。

オオカミがいなくなるという風が吹いたら、思いがけないところにその影響が現れたのだ。

すべての動物植物はいずれ死ぬ。植物なら枯れて微生物に分解されていく。動物なら、すぐにスカベンジャーがやってくる。イノシシやカラス、クマのほかにもテン、キツネ、オコジョ、タヌキ、ノネズミ。それにイヌワシ、トビ、クマタカ、フクロウなどなどの猛禽類も残った肉を食べに来る。

それだけでは終わらない。肉食系の昆虫が肉にかぶりついて細かい肉片をちぎっていく。小鳥は営巣用に毛をむしっていく。ハエが卵を産みつける。残った肉の小片を微生物が分解する。そして1週間もたたないうちに骨だけになってしまう。

森の中に倒れた動物の肉は、余すところなくまるごとすべて、森に生きるみんなに利用される。

スカベンジャーや昆虫、微生物が食べた腐肉は、排泄される。排泄されたものを分解する微生物もいる。そして吸収しやすい形になり、土壌の栄養になる。その有機物をミミズが食べて、土になる。万物は土に還り、再び植物が栄養として吸収する。

これが人間の目にはほとんど触れない裏のフードチェーンだ。生食連鎖に対して、腐食連鎖という。このふたつがぐるぐると循環しているのが食物連鎖なのだ。

たとえば植物は、本来ならば枯れて腐植になり、土に還るもののほうが圧倒的に多い。ところがオオカミが消えてシカが増加すると、腐植となる枯葉や落ち葉さえ食べ尽くされてしまう。

また、オオカミが捕食した動物の死体は、スカベンジャーが残りを食べ、腐敗菌が分解して、その排泄物として土に戻るはずだ。だが、人間に駆除されたシカの死体は、森の外へと持ち出されてしまい、土に還ることができない。食肉として利用されるシカも同じことだ。それは年間何十万頭、何千トンにもなる。

シカをめぐり、腐食連鎖が二重に断ち切られている。いまの日本では、こうした問題が起きているのだ。

米づくりと牡蠣とオオカミと

畑と森と。どちらも土から栄養を吸収して植物が育つということでは同じだ。日本人が食べる野菜畑は、雪に覆われない限り1年中使われている。たとえば八ヶ岳高原のレタス・キャベツ畑は、雪が消え、畑が顔を出す3月くらいから動きはじめる。

農家は、秋の収穫を終えたころに必ず「お礼肥」という補給を行なう。春になれば、それでは足りない分、その年すぐに消費できる分を畑に散布する。昔は、里山から落ち葉を集めて積みあげた草肥が使われていた。それだけでは土に栄養を十分に補充できないので、動物質肥料も撒く。それは牛馬や鶏の糞を発酵させたものだったり、海の魚を干して砕いたものだったりした。

肥料を畑に撒布する行為は、落ち葉や枝が地面に落ちて腐食し、そこに生きる野生動物が死体となって分解され、スカベンジャーたちの糞が養分となって土に還るという、本来森や草原で自然界が行なっていることの再現なのだ。

山形県酒田市の米農家佐藤秀雄さんは、「ふゆみず田んぼ」〔1〕や肥料を撒かない無施肥栽培など、新しいことを誰よりも先駆けてやっているパイオニアだ。稲作と生き物のつながりについての深い考察も、僕は何度も聞いている。

〔1〕1年中田んぼに水を張っておく農法

その佐藤さんが、ある時期

「フミン酸が重要なんですよ」

「フルボ酸が鉄を運んでくるんです」

というようなことをつぶやいていた。

その真意を僕が理解したのは、数年後だった。

きっかけは、宮城県三陸の牡蠣養殖漁家、畠山重篤さんの提唱する植林運動、「森は海の恋人」だ。

畠山さんの故郷である気仙沼湾では、雪解け水が川から湾に流れ込む春先に、ワカメやノリの色が鮮やかに変わり、牡蠣や帆立も急に成長をはじめ、魚の動きがよくなるという。

その魔法のタネが、「フミン酸」「フルボ酸」だ。

「フミン酸」「フルボ酸」は、森の落葉がバクテリアに分解されるときに溶出する物質で、溶けだした土中の鉄分と合体してフルボ酸鉄となる。そして雨とともに川に流れ込み、海に到着したときには、魔法のような作用で海をリフレッシュする。

海の植物プランクトンや海藻が、フルボ酸鉄を取り込んだために、川からの窒素やリンを吸収しやすくなり、成長が速くなるのだ。

牡蠣や帆立は植物プランクトンを摂取してまるまると太ってくる。ワカメやコンブを食べるウニも成長する。動物プランクトンは植物プランクトンを食べて太り、近海魚はプランクトンを食べて成長する。

「森は海の恋人」とは、つまり海における食物連鎖のことだ。

佐藤秀雄さんがつぶやいていたのも、このことだった。川に流れ込んだフルボ酸鉄を、田んぼに引き込み、稲が吸収すれば、肥料成分の窒素やリンを取り込みやすくなり、成長を助けることになる。

フミン酸、フルボ酸の基点は森にある。森から落葉がなくなってしまったら、この食物連鎖がはじまらなくなってしまう。シカの増えすぎは、海にも田んぼにも影響するのではないか。

いま、落葉がきちんと堆積している森は少なくなっている。奥多摩の日原に近い某大学演習林では、林床に草はなく土が剥きだしになっていた。そこから雲取山まではほとんど同じ状態だという。

雲取山から山梨県側に下る尾根もそうだ。一面に砂漠のような、サバンナのような森が広がる。登山道周辺だけの景観ではない。秋になれば、そこに落葉が堆積するだろうか。南アルプスでも同じ様子だった。シカは草の根まで掘り起こして食べ尽くしていた。

北海道の知床半島では林道から林内が見通せた。紀伊半島では大台ケ原や鈴鹿山中の森は荒れ果てていた。兵庫県豊岡市のコウノトリの郷公園の裏山の林床も砂漠のようだった。

畠山さんの地元三陸には、五葉山というシカがたくさんいることで有名な山がある。震災の影響で山の猟師を廃業する人も多いらしい。

伊豆半島では、大雨が降ると東伊豆にも西伊豆にも、何日か土色の海が広がる。土砂が流れだしているのだ。

森とのつながりを断ち切られた北海道・羅臼のコンブやウニは、三陸の牡蠣、帆立は、伊勢湾の伊勢海老は、伊豆のキンメダイは、日本海の松葉ガニは、大丈夫か？　和食を愛する僕は心配している。

オオカミ復活のシミュレーション

ところで日本には、オオカミが生息には狭すぎるといわれる。それは本当だろうか？　オオカミはエサが十分にあり、巣穴をつくる場所があれば、どこでも生きることができる。それはオオカミ研究者の共通した見解だ。とはいうものの、それは日本で可能だろうか。

答えを知るには、実際にオオカミが住んでいる土地と、日本の似たような場所を比較してみるのがわかりやすい。

たとえばアメリカ合衆国の中西部では、五大湖沿岸にオオカミがいる。ミネソタ州、ウィスコンシン州、ミシガン州の3州で、スペリオル湖を取り囲む地域だ。

ミネソタ州は、州全体としてみると面積が約２０００万ヘクタール、森林面積が約６６０万ヘクタールだ。スペリオル湖の湖岸から西に広がる北部の、森と湖の多い地域がオオカミエリアになる。

オオカミエリアは約880万ヘクタールにあたり、ここに1990年代から20年ほど、安定して約500のオオカミのパックがナワバリを張り、約3000頭のオオカミが生息していた。

このミネソタと北海道を比較してみる。

ミネソタには人家もあるし、牛の放牧場もある。放牧牛は森林地帯だけでも数10万頭いる。湖水の美しいところだからキャンプ場も多い。人跡未踏、人も住まない荒野というわけではない。北海道とは、気候といい、地勢といい、よく似た地域である。

北海道は、835万ヘクタールの面積に、森林面積550万ヘクタールだ。ミネソタ州は、全体の面積は北海道よりも大きいが、森林に関してはそれほど変わらない。だから、2割減の400パック、2400頭のオオカミが生息可能だと考えられる。

(注) ミネソタのオオカミのパックは平均約5頭、1パックが占有する面積は、緩衝地帯を除いて約1万ヘクタールと推定されていたが、2012~3年の最新の情報では2200頭になっていた。1万ヘクタールのナワバリではやはり狭いのかもしれない。

次に、ドイツを見てみよう。

3章でも語ったように、オオカミは東西統一によって、ドイツ全土で保護動物になった。ポーランド国境に接するザクセン州ラウジッツ地方では、1998年にポーランドから移住してきた2頭のオオカミが定着し、2000年に子どもが生まれた。

2012年時点では、12パック、約70頭に増えている。面積にしておおよそ50万ヘクタール程度の地域だ。

2013年にはさらに倍増して140頭になり、そして一組のペアがラウジッツから飛びだし、首都ベルリンから25キロメートルという場所で繁殖したという情報もある。

このラウジッツ地方では、オオカミ生息地域の周辺にコトブス（人口約10万人）などの都市があり、行動圏内にも数千～数万人規模の市町村がある。炭鉱や軍の施設、道路が点在する農村地帯で、畜産農家も多い。特にヒツジ農家が多く、オオカミによる被害も出ているが、年を追って被害率は減っている。農家が対オオカミ防御策に慣れてきたからだ。

オオカミの捕食対象の動物は、豊富に生息する小型のノロジカが中心で、ほか大型のアカシカやイノシシ、ノウサギなども食べている。

この地域と比べるのによい地域がある。東京、埼玉、群馬、長野、山梨、神奈川の6都県が境を接する山岳地帯、「関東山地」。首都圏からの距離といい、面積といい、ぴったりだ。

鉄道路線でいうと。

東京都八王子を起点にして、中央線で山梨県小淵沢まで行く。小淵沢からは小海線で長野県小諸、小諸からは信越線で群馬県高崎まで、さらに八高線で高崎から八王子に戻る。関東山地は、このように乗り継いで一筆書きに1周した範囲で、ざっと50万ヘクタール程度になる。この山地には、約6万頭と推定されるシカが生息していて、森林にも田畑にも被害が出ている。各都県の境がいくつも接していることもあり、6都県それぞれ個別の対応では頭数調整の効果を高めることは難しい。そのため平成24年から広域対策をすることになった。

ラウジッツと比べれば、関東山地は山が深く、居住する人も格段に少ない。ここに12のパック、70頭のオオカミが生息していると想像してみたらどうだろう。ベルリンから25キロのところで繁殖したオオカミの群れは、東京でいえば、西端の八王子から20数キロ離れた武蔵御岳神社周辺、といったところか。他県をまたがるなら神奈川県の相模湖、埼玉県の秩父三峰神社あたりとなるだろう。ちょうどこの周辺は、奥秩父奥多摩のシカが集中しているところだ。オオカミにとっては、獲物が豊富にある好条件のすみかだ。

ラウジッツの各パックは平均8頭で構成され、ナワバリは2．5～3万ヘクタールの面積と推定されている。ちなみにこの面積を正方形とすると、1辺が16～7キロになる。関東山地地域の市町村では、東京都の奥多摩町や山梨県の大月市が、ちょうどそのくらいの面積になる。

ラウジッツのオオカミのナワバリは、人間の居住する集落や都市と重なっているが、お互いの接触はほとんどない。オオカミの生息地と人間界の境界がはっきりと分けられている、というわけではない。

オオカミの方が人間の生活時間や活動範囲を把握していて、人間とぶつからぬよう賢く上手に行動しているのだ。

森と猟師とオオカミと

オオカミ絶滅後約100年。かつて日本では、猟師がその不在の穴を埋めてきた。獲物を獲りすぎることなく、適度に頭数を管理しながら森の生態系の一部として、猟師は存在してきた。だが、そのバランスも崩れつつある。1975年度に約51万人いた猟師人口は、2010年には19万人と激減し、60歳以上の高齢者がその6割を占める。彼らの財産である狩猟に関する知識やネットワークを引き継ぐものはおらず、近い将来、オオカミのように絶滅してしまう可能性は大きい。

全国的なシカの増えすぎに頭を悩ます環境省は、こうした現状を打破するため、若手のハンター育成事業に力を入れている。

全国各地で開催されているフォーラムでは、シカ肉入りのウインナーやカレーの試食、模擬銃や罠の展示、地元猟友会の協力による「射撃体験」などもあり、若者たちの関心を惹いている。女性も多く参加し、「ジビエ料理、ちょっといいかも」「ハンター、かっこいいよね」という声も聞こえてくる。当省は若手ハンターの雇用・育成につなげる新制度のほか、害獣駆除を行なうプロ集団の認定も検討中だ。

こうした動きは大いに必要なことだ。しかし。

「オオカミがいない以上、人間が代役を務めなければならない」

「人間が本気を出せばできる」

という掛け声には、首をかしげざるを得ない。

山や森に生きてきた昔ながらの専業猟師ならともかく、現代の日本人にオオカミの替わりが務まるのだろうか？

「生態系の混乱」

「生物多様性の減少」

この、いくつもの要因が絡み合った複雑な問題は、もちろんオオカミの不在だけが原因ではないのだが。

オオカミは獲物を捕食することが、フルタイムの仕事であり生活だ。１日５０キロを走ってナワバリを巡回し、いつでもどこでも獲物を探している。土日だけ、とか林道から近いところがよい、とか、言わない。

獲物の死体を森からもち去り、焼却したり埋めてしまったりしない。オオカミは、食べ残しをスカベンジャーたちにやり、最終的には大地に還して循環させる。

生態系の混乱、生物多様性の減少とは、姿を消してしまった蝶や昆虫、居場所を間違えているサルやカモシカ、海に流れ込む土砂と流れ込まなくなったフルボ酸までを含む。いまを生きる人間にこうした生態系管理ができるのだろうか。

人間は、過去膨大な野生動物を殺戮してきた。そのため、「人間が本気を出せば、シカも絶滅させてしまう危険性がある」と思い込んでいるひとが多い。だが、人間が「本気を出す」ためには「心・技・体」という3つの条件が揃わなくてはならない。

まずは「心」。野生動物を狩るためのモチベーションだ。

アメリカでもヨーロッパでも、オオカミには懸賞金がかけられ、ハンターたちの標的となった。ビーバーやテンなどの毛皮は高価に取引され、金銭欲を煽った。現代日本でも、シカの狩猟や管理捕獲への報奨金をさらに増やせば、モチベーションが上昇するかもしれない。だが、行政の財政はさらに逼迫するだろう。

ジビエの振興も「うまいものを食べたい」という食欲はもちろん、買い取り価格といった金銭面による動機も考慮するべきだ。いまのところシカ肉もイノシシ肉も市場価格で決まらず、高めの価格となっている。消費者の購入欲を刺激するためには、やはり補助金を投入しなければならない。

ところで、アメリカの野生動物大殺戮の歴史を見ていると、これが狩猟民族か、と感嘆するくらい、動物を狩ることに意欲が高い。

オオカミをいまだに憎悪しているのも、ハンターたちだ。イエローストーンのオオカミに反対デモを行ない、プラカードを掲げた。

「俺たちの獲物を奪うな!」

そうした、ただひたすら動物を狩りたいという「猛き心」が現代の日本人にあるとは、文化的にみても、とても考えられない。

次に「技」。一人前のハンターとなるためには、まずは狩猟を行なう山の形状を知り、狩りの技術やルールなどのノウハウを時間かけて実地で習得しなければならない。果たして、シカの増加は若手ハンターらの成長を待ってくれるのだろうか?

最後に「体」。昔の日本人には体力があった。そして狩猟者の多くは山村の若者だった。食欲・金銭欲にも動機づけされて必死に山を歩いたのだ。明治維新から100年間、日本の人口は年100万人も増加していた若い国だった。戊辰戦争から西南戦争、日清日露の戦争を戦い抜いてきたひとたちだから、いまの日本人と比べて脚力、持久力は圧倒的に強かった。

いまの日本人には、オオカミのように、昔ながらの猟師のように、いつでもどこまでも獲物を追いかける「心・技・体」があるのだろうか。

狩猟者をいますぐ大量養成して投入することができるのなら、一時的には頭数の抑制は可能かもしれない。でも達成できたとしても、そのほかの永遠に続く問題が解決できるとは思えない。

人間には、オオカミの替わりは務まらない。

では、オオカミがいれば人間のハンターはいらないのか?

いや、オオカミと人間と、両方のハンターが必要なのだ。

ハンターの存続と育成は急務だ。

それも、自治体から雇用された「常時活動できるハンター」が必要だ。彼は耕作地，林業地，居住地域などいわゆる里山地帯を活動地域とする。そしてオオカミは奥山をナワバリとする。こうした有害獣のコントロール体制の実現があれば、日本の森はどんなに元気を取り戻すだろうか。

もしオオカミが復活するとして、人間のハンターの重要性は増す。ハンターの存在は、人間と銃の怖さをオオカミに忘れさせない効果があり、またそのハンターがオオカミの調査研究員を兼ねることも考えられるからだ。日本における肉食獣研究は、ここから出発することができるかもしれない。

オオカミと森の生態系

日本の森は、いまも昔も変わらずに深い森だったわけではない。何度も何度も乱伐でピンチになってきた。

たとえば江戸時代中期、信州を旅した文人は、甲斐から信濃、飛騨にかけて、甲州街道や中山道の周辺の山がすべて禿山だったことを日記に書き残している。

日本中のほとんどの山は、歴史の中で一度は人間の手が入って伐採されている。それでも人間の手が緩めば、または人間が節度をもって接するようになれば、森は再生してきた。そのレジリエンス（復元力）はたいしたものだ。東アジアモンスーン地帯の旺盛な植物の繁殖力があるためだ。

畑や田んぼで農薬を使わずに作物を育てようとしたら、最初の難関は雑草だ。まめに除かねばならず、それを放置すれば山のように雑草が盛りあがり、潅木が生えてくる。森に戻るのはあっという間だ。

だが、シカが増えているいまの森が、自然に再生できる気配はない。

そんな事態は、これまでの歴史にはなかった。

ボランティアグループが何百人も集まって、植林活動のイベントを熱心にやったとしても、できない。植林したその夜のうちに、シカがやってきて全部食べてしまうからだ。

林業のプロの現場では、まず植林地を厳重に柵で囲う。そのうえで木を植えて、なおかつ柵の見回りを欠かさない。そこまでしても、少しでも破れそうなところがあれば、シカが突破して入り込み、若木を食べ尽くす。

いま、自然再生法という法律ができて、壊された自然を再生するための活動を支援してくれるようになった。コンクリートで三面張りにされた河川を自然に戻す試みや、伐採されてしまった森を再生するための植林活動、湿原や干潟を元に戻す活動などが対象になり、地元自治体やNPOの活動を下から支えようという仕組みだ。

ただ、この法律の「自然再生」には、植物はあっても動物は含まれていないように思える。

自然とは、動物相植物相や土壌が一体になったものであるはずだ。ところが、再生法が対象とする取り組みは、森や河川などの地球のハードウェアというべき事物が対象で、植物や地形を再現してみせるだけだ。動物は最初の再生活動のターゲットに入っていない。「植物の構成や川を再現すれば、副次的に生き物は自ずと戻ってくる」という考え方なのだろう。

蝶や昆虫が戻ってくれば、鳥や小動物も昆虫類を食べるために集まってくる。次には、その小鳥や小動物を食べる生き物も戻ってくる。

ところが、戻ってきてほしくない動物も戻ってくることがある。シカとイノシシだ。この2つの動物が戻ってきたら、森の再生事業はほぼ終わりだ。柵で守らない限り、または入ってきたシカやイノシシをその都度殺さない限り、植林樹は食べられ、土は掘り返される。

いまの自然再生、森の再生には、シカの野放図な増加という「野生動物の反乱」が障害になっている。頭数を抑制する力を受けなくなったシカが圧倒的な数の力をもってしまったのだ。

シカのいる森は更新できなくなった。

植物が成長するためには、動物の生態系が安定していることが大切だ。かつて栃木県の日光の森では、ネズミが杉やヒノキの苗木の芽や根を食害する害獣の筆頭だった。だがシカが増えはじめるころ、被害はなくなってしまった。ネズミ害は、材木用の木を伐採し、植林した幼樹を目当てとした一時的なものだったからだろう。あるいは、ネズミを捕食する動物も複数いたからだ。

ウサギやネズミには天敵である捕食者が複数いて、いつも頭上からも地上からも狙われている。たとえばキツネ、ワシ、タカ、イタチ、ハクビシン、フクロウ、ヘビ類。空から陸から、木の上から、昼も夜もあらゆる場面で狙われる。

捕食者が多数いることで絶滅してしまうかといえば、そうではない。ネズミやウサギも繁殖力が強く、何万年も続く捕食被食関係の中で、対抗する方法を身につけている。そう簡単には絶滅したりしない。たとえばアマミノクロウサギは、ハブから子どもを守るために、巣穴の入り口を土で固めることまで修得した。

彼らの天敵が1種のみだと仮定しよう。その天敵がいなくなってしまったら、彼らは植物に影響がでるまでエサを食べ尽くし、増え続けるだろう。しかし、そうはならない。彼らの捕食者は複数いるからだ。捕食者もまた、獲物を取り合い、増えることはない。

つまりこれが、生態系が安定している、復元力があるということなのだ。捕食者がいるから草食獣は増えすぎず、植物は多様性をもって増えることができる。捕食者が複数いれば、1種の捕食者が絶滅してもほかの動物がカバーすることができる。自然生態系では、何事も起きなかったようにすべてが循環し続ける。

日本の自然環境の中で、シカのような大型草食獣の捕食者は、オオカミ1種だけだ。そしていまの日本にオオカミはいない。

オオカミよりも小さなキツネや猛禽類は、幼獣をいくらかは食べるかもしれない。だが、シカやイノシシの頭数を調整するには力不足だ。オオカミ不在のポジションを補うものではない。

かつては、動物相植物相のバランスが取れていたから、森が再生できた。自然の再生には、健全な食物連鎖、動植物の生態系のバランスが必要なのだ。それが自然のレジリエンスの源、カギだ。

僕は、国土の強靭化のためにも、生物多様性を考慮することが必要だと考えている。

森や山が崩れ、川が氾濫するようなことがあってはならない。特に地震のような大災害のときには、いま想定されるより大きな影響が人間社会に生じるかもしれない。災害が起こらなくても、日常生活の中に危険が紛れ込む。樹木によって「土」をしっかりと抑えてもらうことが重要なのだ。

そのためには植物だけでなく、動物の生態系が健全でなければならない。生態系が健全であるためには、生物多様性が保たれていなければならない。生物多様性を維持するには食物連鎖が健全でなければならない。

健全な食物連鎖には頂点捕食者が必要だ。頂点捕食者・キーストーン捕食者が機能して、はじめて生物多様性が保たれる。

いまの日本の生態系は、唯一の頂点捕食者・キーストーン種を欠いている。それは、オオカミだ。生物多様性を回復するには、生態系に、日本の森に、オオカミを戻すべきなのだ。日本の国土を保ち、美しい景観を維持し、僕たち人間の社会を守るためにも。

日本では、もともとnatureという意味の自然を、天地万物、森羅万象、山川草木と呼んできた。山川草木、森羅万象は、「おのずからなる」自然であり、「つぎつぎになりゆくいきおい」とみていた。

古事記に登場する日本神話の神様たちは、天之御中主（アメノミナカヌシ）の神からはじまり、高御産巣日（タカムスビ）の神、神御産巣日（カムムスビ）の神が、順々に「なりませる」。

神々や万物が、ひとしずくの水滴からでさえ生まれてくる。日本の神々は、キリスト教における「神」のような人格的な超越者ではなく、「おのずからなる」生成の働きであり、森に草木が繁茂し、みるみるうちに盛りあがっていく生命力そのものだ。

「おのずからなり、つぎつぎになりゆくいきおい」を神々と感じた古代日本人は、伊勢神宮の社殿に人の手によらない天然更新のヒノキを、1000年以上も使ってきた。

その社殿は森の生命力を宿し、遷御にあたって不思議な、神秘的な風を起こす。日本人は、現代でもその風を「おのずからなる」自然の力、森の生命力として感じる心をもっている。それは自然に対する「畏敬の念」だ。

自然が「おのずからなる」状態を維持できるのは、生態系のバランスが保たれているからだ。そのカギは「キーストーン捕食者」と呼ばれる動物が握っている。日本でキーストーンになりうる捕食者は、オオカミだけだ。神道の中で、オオカミをはじめとする動物は、山の神の使いであり神々の眷属だったが、おのずからなる自然をコントロールし、支えているのは、大口真神＝オオカミだったのだ。

オオカミよ、日本の森に還れ

さて、もっとも魅力的な野生動物の調査方法のひとつに。「ハウリングサーベイ（遠吠え調査）」がある。

これは、オオカミの子どもが巣から出て、周囲を歩きはじめる7月か8月にだけ行なわれる。そのエリアにオオカミがいるのか、パックに子どもが生まれたかどうか、何頭のパックになっているのか、おおよそ把握するための調査だ。

この調査を行なうためには、オオカミが返事をしてくれるような遠吠えの術を修得しなければならない。これがなかなか、難しい。

動物園で試しに吠えてみるとよい。下手な遠吠えは、オオカミから無視されるに違いないから。

ハウリング調査では、オオカミがエサを求めて活動をはじめる薄暮から森に入り、まず調査員が気もちを込めて吠える。

「おーい、そこにいるかあー」

返ってくる遠吠えは、子オオカミや若いオオカミの、細くかわいらしいものが多い。

「おーい、おまえは誰だ〜」

「ナワバリに入ってくるんじゃねえ〜」

あるいは
「またお前かよー。ここはおれたちのナワバリだっつってるだろ〜」

大人のオオカミは、相手がおそらく人間だとわかっているので、それほど敏感には反応しない。だが、子オオカミはうっかり応えてしまうのだろう。遠吠えをしてみたい年ごろなのかもしれない。


アメリカ中西部のミネソタ州からカナダにかけての一帯は、オオカミの頭数が多すぎて、パックごとのナワバリや頭数の推定が追いついていないようなところもある。だからこのハウリング調査を、よく活用している。「あそこにオオカミがいるようだ」という通報を受けて、すぐに調べられる簡便かつ機動的な調査方法でもある。

また、カナダ・オンタリオ州のアルゴンキン公園では、市民への啓発教育にも活用している。1種のエコツアーで、人気の企画だ。

日暮れ前、まだ明るさが残る時間。野外ステージに集合した観客に、まずその地方のオオカミについての解説と、ツアーの手順と楽しみ方、注意事項が説明される。その後、暗くなったころに調査地に移動する。1回のツアーに参加者が1000人から2000人集まり、車300、400台の大行列だ。

調査地に到着すると車を停め、ライトを消し、エンジンを切って全員が沈黙し、静かに待つ。公園のスタッフだけが吠える。応答があるかどうかの期待感は盛り上がり、やがてツアーのピークを迎える。そこでオオカミの遠吠えが聴こえてくれば、参加者は互いの顔を見合わせ、弾けるような喜びでその体験を語り合う。

ハウリングへの反応は、もちろん不発のこともある。野生動物のことだから仕方がない。それでも毎回多くのひとが集まり、オオカミの姿が見えなくても、遠吠えを聞くことができなくても、参加者は満足して帰るのだ。

めったに逢えないから、オオカミは神秘的なのだ。だが、夜を共有することで、その存在を身近に感じることはできる。

日本でも、オオカミの遠吠えを聞きたい。そう思わないだろうか？

「オオカミが戻ってくれれば観光資源になる」

と、ある県の県会議員に話したことがある。だが、

「オオカミが戻っても、姿を見られないんでしょ？　観光にならないじゃないですか」と切り返された。

でも、この、ハウリングツアーなら、最高に魅力的な企画になる。

日本で実施するのなら、ひっそりとオオカミの国に忍び入るやり方がよい。ひとつのグループは１０人ほどにして、オオカミ1パックには1グループしか入れないことにしよう。何組ものグループが呼びかけたら、オオカミだって混乱する。

夕暮れ、静かに目的地に到着して暗くなるのを待ち、代表者がおもむろに遠吠えをする。

「わお〜〜〜ん。そこにいるのか〜〜〜」

心がけのよい、よく修練を積んだひとが吠えれば、きっと返事があるはずだ。

「いるよ〜〜、お前は誰だ〜〜〜」

誰にとっても、背筋がぞくぞくするような嬉しくて、楽しい体験になるだろう。オオカミを見ることができなくても、大丈夫。満足できるはずだ。

かつて日本にはオオカミがいた。森は美しく緑にあふれていた。オオカミは絶滅し、いま、森は生命力を失いつつある。

僕たちが滅ぼした生き物について思いをめぐらせ、『もし、いまの日本にオオカミがよみがえったら』と考えることは、決して悪いことではない。

それをきっかけに、日本の森林生態系の在り方について、本来の食物連鎖について、反対・賛成も含めて、多くのひとが参加して活発に議論をはじめることが重要なのだ。

オオカミの遠吠えが響くそのとき、日本の森は、豊かによみがえっているはずだ。昔の登山者たちが愛でたものと同じように。

防鹿柵は撤去され、見渡す限りの草原には高山植物が咲きほこり、森の新緑が目にまぶしい。日中は小鳥が鳴き交わし、蝶が舞っている。夜になれば闇の中を、夜行性動物たちが駆けめぐる。

シカもカモシカもイノシシもサルもクマも、それぞれが住むべき場所に住み、本来の姿を取り戻す。もう白骨化した樹林を見ることはない。

オオカミの遠吠えを聞いた者たちは、夜の山小屋で火を囲む。

そしてオオカミの神秘について語り合うのだ。

それでは、この本の最後に。
オオカミさんからの
Question です。
あなたの Answer を
ぜひ、教えてください。

Q
オオカミが
復活した日本の森を、
未来を、
想像することが
できますか？

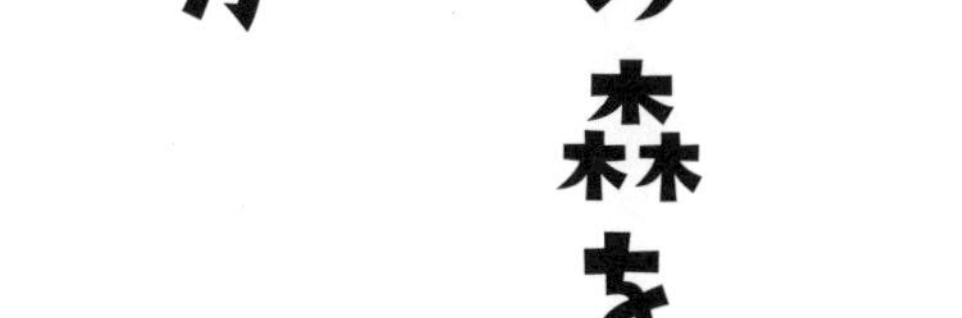

オオカミをもっとよく知るための参考書　その1

編集部編

オオカミと神話・伝承
著・ジル・ラガッシュ
訳・高橋正男
大修館書店　１９９２

哲学者とオオカミ
―愛・死・幸福についての
レッスン
著・マーク・ローランズ
訳・今泉みね子
白水社　２０１０

狼―その生態と歴史
著・平岩米吉
築地書館　1992

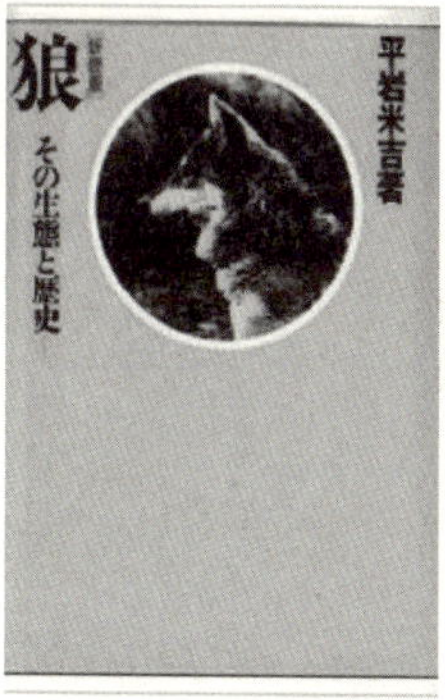

絶滅した日本のオオカミ
―その歴史と生態学
著・ブレット・ウォーカー
訳／編集・浜健二
北海道大学出版会　2009

オオカミをもっと よく知るための参考書 その2

編集部編

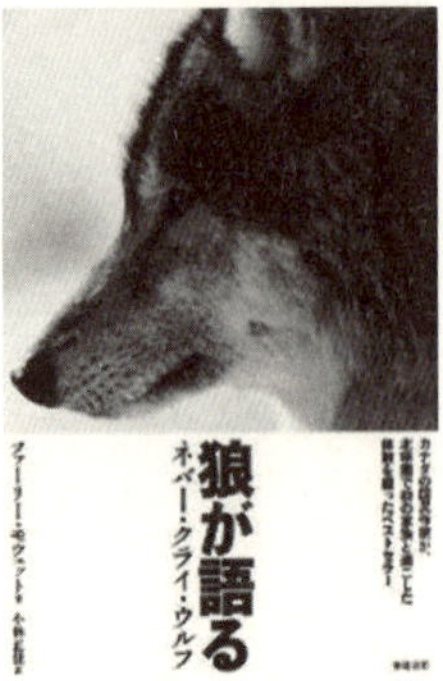

狼が語る
ーネバー・クライ・ウルフ
著・ファーリー・モウェット
訳・小林正佳
築地書館　2014

狼の群れと暮らした男
著・ショーン・エリス
ペニー・ジューノ
訳・小牟田康彦
築地書館　2012

狼と西洋文明

著・クロード・カトリーヌ・
ラガッシュ
ジル・ラガッシュ
訳・高橋正男
八坂書房　1989

オオカミの護符

著・小倉美恵子
新潮社　2011

オオカミ（ナショナルジオグラフィック動物大せっきん）

著・ジム・ブランデンバーグ
ジュディ・ブランデンバーグ
監修・小宮輝之
ほるぷ出版　2012

オオカミをもっとよく知るための参考書 その3

編集部編

オオカミの謎
―オオカミ復活で、生態系は変わる!?
著・桑原康生
誠文堂新光社　2014

野生イヌの百科（動物百科）
著・今泉忠明
データハウス　2014

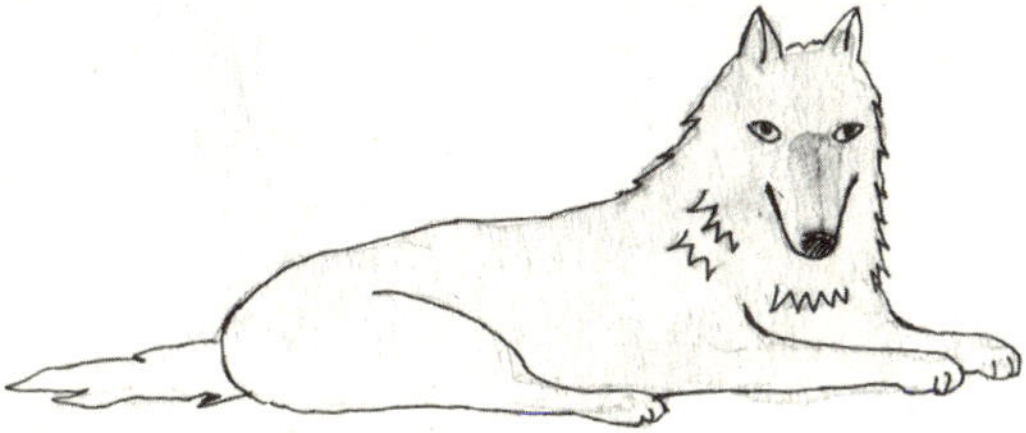

日本でオオカミに会える施設

2014.2 月現在

多摩動物公園
〒191-0042　東京都日野市程久保 7-1-1
ヨーロッパオオカミ

富山市ファミリーパーク
〒930-0151　富山県富山市古沢 254
シンリンオオカミ

浜松市動物園
〒431-1209　静岡県浜松市西区舘山寺町 199
ヨーロッパオオカミ

東山動物園
〒464-0804　愛知県名古屋市千種区東山元町 3-70
シンリンオオカミ　「シンリンオオカミ舎」がある。

天王寺動物園
〒543-0063　大阪府大阪市天王寺区茶臼山町 1-108
国内で唯一チュウゴクオオカミを飼育。

とくしま動物園
〒771-4267　徳島県徳島市渋野町入道 22-1
シベリアオオカミ

平川動物公園
〒891-0133　鹿児島県鹿児島市平川町 5669-1
シベリアオオカミ。シンリンオオカミ

オオカミの森　Howlin'Ks Nature School

〒 088-2464　北海道川上郡標茶街虹別原野 672-4
オオカミの自然教室。桑原康生氏が広大な自宅敷地でオオカミを飼育。

旭山動物園

〒 078-8205　北海道旭川市東旭川町倉沼
シンリンオオカミ　展示施設「オオカミの森」がある。

円山動物園

〒 064-0959　北海道札幌市中央区宮ヶ丘 3-1
シンリンオオカミ

大森山動物園

〒 010-1654　秋田県秋田市浜田字潟端 154
シンリンオオカミ

宇都宮動物園

〒 321-2115　栃木県宇都宮市上金井町 552-2
シンリンオオカミ

群馬サファリパーク

〒 370-2321　群馬県富岡市岡本 1
シンリンオオカミ 「オオカミの森・オオカミ繁殖センター」がある。

おわりに

僕は文系学生だったので、理系科目は大の苦手だった。高校時代も生物学なんてもちろんだめ。それがある動物に関する「教科書」なんて名のつく本を書くことになってしまったのだから、こんな不思議なことはない。なんでかといえば、「面白かった」ことに尽きる。

あるとき僕が、高校時代の生物学のつまらなかったことについて嘆き、同意を求めると、神崎伸夫さんは

「そんなことないですよ、高校時代に授業が面白かったから、いまこんなことしてるんです」

と、彼は真顔になって答えた。それを聞いた瞬間、僕はかなりショックだった。

「あ～、やっぱり運が悪かったんだ。あんなつまらないのじゃなくて、面白い授業を受けたかった。」

と、こちらもまじめに、過去を嘆いた。

雷鳥社の担当編集者の森田久美子さんから、「オオカミと森の教科書」という、僕に似つかわしくないタイトルを示されたときに、これだ、と思ったのはそれが記憶にあったからだと思う。

僕はオオカミと人間を巡る学問や社会や歴史がどんなに面白いのかを、いろんな人に知ってもらいたいと思っていた。山を歩いたり、草原を馬や車で走ったりというだけでなく、オオカミについて考えていると生態学や農業、歴史や自然保護思想などわくわくするようなテーマが目の前に次々に現れてきた。それを追いかけていくうちに、アメリカ西部史やヨーロッパ中世史、近代経済史、明治維新史、人獣交渉史や狩猟文化、それに帽子の文化史やら絵本やマンガの歴史、さらに自然保護思想史から神道、仏教、儒教、キリスト教など宗教の分野にまで乱読の手を伸ばすことになった。

北米やヨーロッパの事情を知るために英文とも格闘することになってしまった。

そんなときにオオカミは面白い、と言い続けた人がアメリカにいたことを知って驚いた。イエローストーン国立公園へのオオカミ再導入を、魚類野生生物局のプロジェクトリーダーとして実現したエド・バングスだ。彼の言葉は本文の124Pを見ていただきたいと思う。

彼はメンバーを鼓舞し、人々を説得し、オオカミ再導入まで引っ張っていったのだ。

僕の本は、エド・バングスのように、オオカミの面白さや魅力をちゃんと伝えることができただろうか。読んでくれた方が少しでもオオカミに興味をもち、魅力を感じてくれたならこんな嬉しいことはない。


企画を考えはじめて1年、ようやく形になった。ここまで何人もの方にお世話になってきた。長年にわたりご指導いただいてきた日本オオカミ協会の丸山直樹会長、小金澤正昭副会長をはじめ、会員の皆様、北海道の桑原康生さんと彼の家族であるオオカミたち、ありがとうございました。


また、天国から僕を覗き込んで背中を押してくれた人たち。

神崎伸夫さん、あなたの替わりにこのような本を書いてしまったよ。

「自分のできることをやっていけばいいのよ」という田中佳子さんの声も聞こえてきた。

それに僕がはじめて獲得したオオカミの理解者、安曇野の2人のリンゴ農家、原今朝生さん・原志朗くん父子は常念岳にかかる雲の上から「早くオオカミ入れようよ」と笑っている。

岩手の牛飼い杉下豊治くんにも、夢の中で「おう、短角牛は強いからだいじょぶだ。どんどんやれ」と煽られた。

2013年夏、剣岳で亡くなった山岳写真家の新井和也さんの写真には、大きな刺激をもらった。あなたがいなかったらこの本を書くことは考えなかったかもしれない。みんなありがとう。

はじめて自治体の長としてオオカミ復活に賛同の声をあげた、大分県豊後大野市の橋本祐輔市長。その慧眼と勇気のおかげで、たくさんの人がオオカミに注目したことにも拍手を贈りたい。

かわいらしいオオカミのイラストを描いてくれたささきみえこさん、どうもありがとう。執筆のきっかけをつくってくれた「企画のたまごやさん」の中本千晶さんにもお礼を申しあげたい。


皆様、本当にありがとうございました。

〈参考文献〉

オオカミを放つ／丸山直樹・小金澤正昭・須田和樹著／白水社 2006

Wild Wolves We Have Known ／ Richard P Thiel 他著／インターナショナルウルフセンター／ 2013

WOLF WARS ／ハンク・フィッシャー著／ FALCON PRESS 出版（アメリカ）1995

偉大なる密林の王者 トラ／飯島正広著／教育社 1986

オオカミ 神話から現実へ／ジェラール・メナトリー著／東宣出版 1998

狼 その生態と歴史／平岩米吉著／築地書館 1992

オオカミとその仲間たち イヌ科動物の世界／神奈川県立生命の星・地球博物館 1998

狼と人間 ヨーロッパ文化の深層／ダニエル・ベルナール著／平凡社 1991

オオカミ復活についての疑問 44 に答える Q&A ／日本オオカミ協会 2012

オオカミはなぜ消えたか 千葉徳爾／新人物往来社 1995

日本人とオオカミ 世界でも特異なその関係と歴史／栗栖健著／雄山閣 2006

カラスの常識／柴田佳秀著／子どもの未来社 2007

毛皮と人間の歴史／西村三郎著／紀伊国屋書店 2003

毛皮と皮革の文明史／下山晃著／ミネルヴァ書房 2005
シートン動物誌 オオカミの騎士道／アーネスト・トンプソン・シートン著／紀伊国屋書店 1997
狩猟の文化 ドイツ語圏を中心として／野島利彰著／春風社 2010
森林環境 2007 動物反乱と森の崩壊／（財）森林文化協会 2007
世界遺産知床とイエローストーン／知床財団 2006
鉄が地球温暖化を防ぐ／畠山重篤著／文芸春秋 2008
動物大百科 4 大型草食獣／平凡社 1994
動物大百科 I 食肉類／平凡社 1994
日本動物大百科 2 哺乳類 II／平凡社 1994
動物百科 野生イヌの百科／今泉忠明著／データハウス 1993
動物百科 野生ネコの百科／今泉忠明著／データハウス 2011
シカの生態誌／高槻成紀著／東京大学出版会 2006
大台ケ原の自然誌―森の中のシカをめぐる生物間相互作用／柴田 叡弌・日野 輝明著／東海大学出版会 2009
日本の絵本史 I／鳥越信編／ミネルヴァ書房 2001
捕食者なき世界／ウィリアム・ソウルゼンバーグ著／文芸春秋 2010

猪の文化史　歴史編／新津健著／雄山閣 2011
江戸の自然災害／野中和夫著／同成社 2010
カウボーイの米国史／鶴谷壽著／朝日選書 1989
コサックのロシア／植田樹著／中央公論新社 2000
鉄砲を手放さなかった百姓たち／武井弘一著／朝日新聞出版 2007
村から見た日本史／田中圭一著／ちくま新書 2002
知られざる日本 - 山村の語る歴史世界／白水智著／NHKブックス 2005
日本列島草原1万年の旅　草地と日本人／須賀丈・岡本透・丑丸敦史著／築地書館 2012
東インド会社　巨大商業資本の盛衰／浅田實著／講談社現代新書 1989
ヒトと動物の関係学4　野生と環境／池谷和信・林良博編著／岩波書店 2008
文明の海洋史観／川勝平太著／中央公論新社 1997
帽子の文化史／出石尚三著／ジョルダン 2011
野生生物保全事典／野生生物保全論研究会編／緑風出版 2008
生態学入門／日本生態学会編／東京化学同人 2012
十和田乗馬倶楽部ホームページ

中川木材産業ホームページ
フォレストコール13号／日本オオカミ協会 2008
フォレストコール14号／日本オオカミ協会 2009
フォレストコール19号／日本オオカミ協会 2013
救国のレジリエンス／藤井聡著／講談社 2012

著者：朝倉 裕（あさくら ひろし）
1959年東京生　早稲田大学商学部卒業
有機農産物流通の仕事の傍ら、1995年日本オオカミ協会に参加。シカ等の被害地調査や内モンゴル地域のオオカミ糞探し調査などに加わる。現在オオカミと森、人間社会との関係を研究中。

絵：ささき みえこ
北海道生　北海道教育大学札幌分校　美術工藝科卒業
彫刻、銅版画の制作を行ないながらイラストレーターとしても活動中。雑誌、書籍、広告など様々な媒体で、水彩画、エッチングなどを用いたイラストを制作。

オオカミと森の教科書

著：朝倉 裕
絵：ささき みえこ

発行日：2014年5月24日
　　　　2014年6月10日　第2刷発行

発行人：柳谷行宏
発行所：有限会社雷鳥社
〒151-0062 東京都渋谷区元代々木町52-16
TEL：03-3469-7979　FAX：03-3468-4744
http://www.raichosha.co.jp/
info@raichosha.co.jp
郵便振替　00110-9-97086

編集：森田久美子
デザイン：植木ななせ

印刷・製本：シナノ印刷株式会社

ISBN 978-4-8441-3658-3